高等学校电子信息类专业系列教材

西安电子科技大学规划教材

5G 核心网原理与实践

顾华玺　胡伟华　陈晓光　李晓辉　**编著**

U0378900

西安电子科技大学出版社

内 容 简 介

本书主要围绕 5G 核心网展开，全面介绍了第五代移动通信系统中核心网的主要原理和实践问题。书中具体内容包括 5G 网络架构、5G 移动性管理、5G 会话管理、5G 服务质量管理、5G 策略控制架构、5G 接口协议、5G 核心网关键技术等 5G 核心网领域的核心内容。同时，本书还涵盖了 5G 核心网的 5G First Call 数据业务实验，并展望了新一代移动通信网络的未来演进方向。

本书深入探讨了 5G 核心网网络架构与关键技术，不仅包含系统性的基础理论和专业知识，还注重结合工程经验和实践案例，兼具学术先进性和技术实用性，为读者提供了全方位的知识体系。

本书有助于读者掌握 5G 核心网体系架构的网络功能和关键技术，可作为高校相关专业的教材或教学参考书，还可供从事相关工作的一线工程技术人员和管理人员使用。

图书在版编目(CIP)数据

5G 核心网原理与实践 / 顾华玺等编著. --西安：西安电子科技大学出版社，2024.6
ISBN 978 – 7 – 5606 – 7235 – 9

Ⅰ. ①5… Ⅱ. ①顾… Ⅲ. ①第五代移动通信系统 Ⅳ. ①TN929.538

中国国家版本馆 CIP 数据核字(2024)第 076791 号

策　　划　李惠萍
责任编辑　张　存　李惠萍
出版发行　西安电子科技大学出版社（西安市太白南路 2 号）
电　　话　(029)88202421　88201467　邮　　编　710071
网　　址　www.xduph.com　　　电子邮箱　xdupfxb001@163.com
经　　销　新华书店
印刷单位　陕西天意印务有限责任公司
版　　次　2024 年 6 月第 1 版　2024 年 6 月第 1 次印刷
开　　本　787 毫米×1092 毫米　1/16　印张 13.5
字　　数　316 千字
定　　价　36.00 元
ISBN 978 – 7 – 5606 – 7235 – 9 / TN
XDUP 7537001-1

＊＊＊ 如有印装问题可调换 ＊＊＊

前　言

20 世纪 80 年代以来，移动通信系统的发展经历了从 1G 到 5G 的技术演进。5G 的到来，不仅意味着网络速度的提升，更是一次通信系统全面升级和转型的机遇。随着 5G 技术的广泛应用和普及，其应用场景已经覆盖了智慧城市、智慧医疗、智能交通、智能制造等多个领域，5G 技术对于提高生产力、改善生活品质、促进社会发展具有重要意义。5G 核心网作为 5G 的核心技术之一，不仅仅是传统意义上的通信网络，更是一个支持多媒体服务和多种业务场景的高效、安全、灵活的互联网架构，因此，针对 5G 核心网的研究和应用蓬勃发展。

在 5G 核心网的网络架构、传输协议、安全机制、业务创新等方面，存在着较大的挑战和机遇。5G 核心网作为一种全新的网络架构，其设计理念和技术架构与传统的移动通信网络有很大的不同。5G 核心网在满足高速、低延迟等业务需求的同时，还要兼顾用户隐私和信息安全。此外，随着人工智能、物联网等新兴技术的快速发展，5G 核心网需要与之进行融合创新，进一步提升服务质量和用户体验。因此，研究 5G 核心网技术的原理和应用，不仅可以促进移动通信技术的创新和进步，更能够助力数字经济的快速发展。

本书主要围绕 5G 核心网展开，旨在全面介绍第五代移动通信系统中核心网的主要原理和实践问题。具体内容包括 5G 网络架构、5G 移动性管理、5G 会话管理、5G 服务质量管理、5G 策略控制架构、5G 接口协议、5G 核心网关键技术等 5G 核心网领域的核心内容。同时，本书还特别介绍了 5G 核心网的 5G First Call 数据业务实验，以便读者更加深入地了解 5G 核心网的实现细节和技术特点。我们相信，读者通过阅读本书，将会对 5G 核心网的设计、实现和优化等有更深入的理解和认识。

本书旨在帮助 5G 移动通信网络的从业人员，特别是核心网运维技术人员和管理人员更好地了解和掌握 5G 核心网的体系架构、网络功能和关键技术，从而更好地设计、实现和维护 5G 网络。本书可作为高校相关专业的教材或教学参考书，为学生提供 5G 核心网的全面知识体系和相关实践经验，帮助他们更好地了解移动通信行业的发展趋势。

在编写本书的过程中，笔者借鉴了国内外相关文献和标准，并总结和归纳了自己多年的从业经验和实践案例。笔者真诚地希望本书能够成为读者掌握 5G 核心网原理与实践不可或缺的参考书籍。

由于笔者的知识储备与能力有限，因此书中不可避免地存在疏漏和不足之处。我们深知，只有不断地接受同行专家和读者的批评指正，才能不断提升本书的质量和价值。在此，我们由衷地希望读者能够积极与我们分享您的宝贵建议和反馈，帮助我们进一步完善和改进本书的内容。

编者

2024 年 1 月

目　录

第1章 绪 论

1.1 通信技术发展历程

1.1.1 通信发展简史

通信指的是人与人或人与自然之间通过某种行为或媒介进行的信息交流与传递，具有悠久的历史。从人类诞生到现在，通信的方式发生了巨大的变化。从古代社会的长距离通信探索，到19世纪的基础理论奠基，再到20世纪前70年的技术蓄力，最终迎来了现代通信技术的重大突破。

在文字出现以前，原始社会的部落成员进行狩猎活动时会采用动作、声音等多种方式进行通信。后来，穴居人开始通过在洞穴上刻字来记录他们的活动和产生的知识。但是这些都是本地化短距离的通信方式，人们如果离开了此活动范围，就无法再获取相关的记录。

随着人类的演进和社会活动的开展，人类对长距离通信有了迫切的需求，于是出现了烟雾信号。例如，在我国古代，万里长城不仅用来抵御外敌，驻扎的士兵还可以通过长城烽火台上的烟雾信号进行信息的传递。远程通信就是通过在烽火台上点燃烽火，然后依次接力完成的。在古印度和古英国同样有烽火台。北美地区的部落也通过山顶冒烟的方式建成了早期的信号系统。直到现在梵蒂冈仍然使用烟雾信号来指示教皇选举结果。可见，烟雾信号曾经是一种普遍使用的通信方式。

鸽子也被广泛应用在长距离通信中，这是因为鸽子具有天然的归巢能力。人们通过将重要的信息绑在鸽子身上来传递信息。波斯人、罗马人和希腊人等采用信鸽将股票的报价信息从一个城市传递到另一个城市。在第一次世界大战期间，广泛采用信鸽传递战争情报。利用信鸽传递信件的历史已有几千年，一直到近代才被更加快捷的交通工具以及电话等取代。

19世纪，随着第二次工业革命的爆发，人类社会逐渐进入电气时代，通信技术迎来了跨越式的发展。1820年，丹麦科学家奥斯特证明电和磁之间有密切的关系，并且发现了电生磁的现象。此后，法国物理学家安培通过数学定律来描述电流之间的磁力，法拉第发现"变化的磁场产生电场"，划时代的法拉第电磁感应定律出世。电磁感应现象是电磁学中的重大发现之一，揭示了电、磁现象之间的相互联系。依据法拉第电磁感应定律，人们制造出了发电机，使得电能的大规模生产和远距离输送成为可能。此外，电磁感应现象在电工技术、电子技术以及电磁测量等方面都有广泛的应用。在法拉第的工作之后，麦克斯韦提出麦克斯韦方程组，在数学上表明电磁波可以在自由空间中传播，实现了电和磁在理论上的统一。1888 年德国物理学家赫兹证实了电磁波的存在，这为后面人们检测和生成电磁波开启了方向，为人类打开了通往通信新世界的大门。

1837 年，美国人塞缪尔·莫尔斯发明了莫尔斯电码和有线电报，实现了远距离通信。电报的发明具有跨时代的意义，让人类获得了一种完全不同于以往的全新的信息传递方式。1839 年，英国出现了全球首条真正投入运营的电报线路，所使用的电报机由查尔斯·惠斯通和威廉·库克发明。此后，各国开始纷纷建设自己的电报网络，最终形成了一个巨大的通信网络。电报将全世界的人第一次实时连接在了一起，使之成为一个整体。塞缪尔·莫尔斯将人类社会带入了信息时代，为表彰他的贡献，后人将他称为"信息时代的瓦特"。

电报解决了远距离通信的问题，但是其传递的信息量有限，满足不了人类社会信息增长的需求。为了能够传递更多的信息，1876 年，亚历山大·贝尔发明了电话，他后来被人称为"电话之父"(其实真正的电话之父本应是安东尼奥·穆齐，但由于安东尼奥·穆齐无资金申请专利，因此贝尔获得了先机)。1877 年，贝尔又筹资成立了贝尔电话公司，电话的商业性运营由此开始。

电话的基本原理是：话筒底部的金属膜片连接着插入硫酸的碳棒，金属膜片随话筒传进的声音而振动，振动会改变电阻，从而使电流变化，电流经导线传至受话方，在接收处再利用电磁原理将电信号变回语音。早期的电话系统采用点对点的方式进行建网。比如在某个家庭和商店之间架设一条线路，这条线路仅用于家庭和商店的通信，因此费用非常昂贵。后来，出现了交换技术，每部电话都可以连接到本地的电话交换中心，电话交换中心通过中继的方式能够连接到远程的电话交换中心，从而组建成一个庞大的交换网络，实现了远距离和大容量的通信方式，大大降低了线路的费用。此后很长时间，固定网络电话成为电话的代名词。

进入 20 世纪以后，无线电技术得到了发展，衍生出了广播等无线通信应用。1906 年，美国匹兹堡大学教授费森登成功进行了人类首次无线电广播。二战期间美国军方意识到无线通信在战争中的重要性，牵头发明了世界上第一台无线步话机 SCR-194。后来摩托罗拉公司又研发了 SCR-300 和 SCR-536 等型号的步话机。二战结束后，AT&T 将无线收发机和公用电话交换网相连，正式推出了民用的移动电话服务(Mobile Telephone Service，MTS)。通过 MTS 系统拨打电话时，用户必须先手动搜索一个未使用的无线频道，然后与运营商接线员进行通话，请求对方通过固定电话进行二次接续。MTS 是有史以来人类第一套商用移动电话系统。

1947 年，贝尔实验室的威廉·肖克利、约翰·巴丁和沃尔特·布拉顿共同发明了世界上第一个半导体晶体管。他们也因此共同获得了 1956 年的诺贝尔物理学奖。晶体管作为 20 世纪最伟大的发明，开启了集成电路的时代，为计算机、移动通信、互联网等产业奠定了坚实的基础，极大地改变了人们的生产和生活方式。晶体管发明后，电子元器件的体积和性能开始依照摩尔定律的规律发展。

1948 年至 1949 年间，美国数学家克劳德·艾尔伍德·香农(如图 1.1 所示)发表了两篇划时代的经典论文："A Mathematical Theory of Communication"(通信的数学原理)和"Communication in the Presence of Noise"(噪声下的通信)。香农在论文中系统地论述了信息的定义、怎样数量化信息、怎样更好地对信息进行编码。同时他还提出了信息熵和香农公式，用于衡量消息的不确定性，阐述影响信道容量的相关因素。这两篇论文宣告了信息论的诞生，为后续信息和通信技术的发展打下了坚实的理论基础，香农也因此被称为"信息论之父"。

图 1.1 信息论之父——香农博士

1.1.2 移动通信发展历程

随着通信理论和技术的不断发展，移动通信得到了快速发展。移动通信系统的发展基本上每 10 年为一期，其发展历程如图 1.2 所示。本节接下来围绕图 1.2 详细地进行叙述。

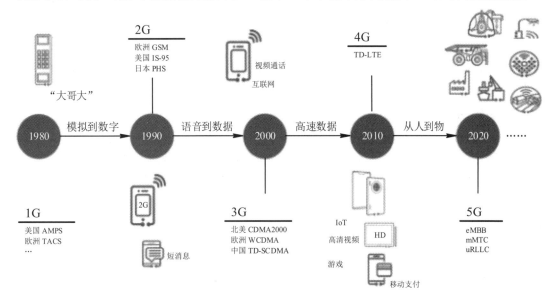

图 1.2 移动通信系统发展历程

1. 1G 移动通信

第一代(1G)移动通信系统采用模拟移动通信技术，如图 1.3 所示。在该系统推出的时候并没有明确后续演进计划，1G 这种叫法实际是后来给模拟移动通信系统添加的概念和名称。在国际电信联盟(International Telecommunication Union，ITU)提出了第三代(3G)移动通信系统计划之后，2G 的概念才为大众所知，于是倒推模拟移动通信系统为 1G。

在 1G 模拟移动通信技术的发展过程中，逐步形成了美国主导的高级移动电话系统(Advanced Mobile Phone System，AMPS)和欧洲主导的全接入通信系统(Total Access Communication System，TACS)两种主要的技术标准。AMPS 移动通信标准于 1979 年在日本首先实现商用，TACS 移动通信标准于 1985 年在欧洲实现商用，它们的业务仅有语音通信。

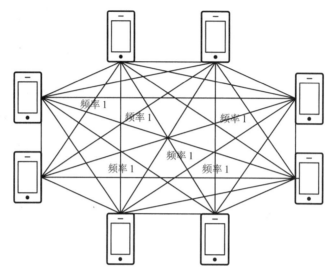

图 1.3　1G——模拟时代的点对点通信

　　模拟移动通信系统存在标准不统一导致的漫游问题、无线空口没有采用加密技术产生的安全问题，以及频谱效率低导致的容量不足等多种问题，致使其并没有得到广泛普及。尽管如此，模拟移动通信系统还是成为移动通信的一个重要技术突破，为后来移动通信系统的大规模发展带来了极大的便利并奠定了基础，也开创了一个蓬勃发展的无线通信产业。

2. 2G 移动通信

　　第二代(2G)移动通信系统开始采用数字信号传输技术，相比模拟移动通信系统，其信号传输速度更快、更稳定，距离也更长。2G 移动通信系统主要以全球移动通信系统(Global System for Mobile Communications，GSM)和 IS-95 标准为代表，另外还包括 IDEN 和 IS-136(又叫作 D-APMS)，此外还有日本的 PHS(Personal Handy-Phone System)。相对于模拟移动通信系统，2G 移动通信系统改善了频谱利用率，支持更多的业务服务，如除语音通话功能外，首次引入了短信服务功能。

　　GSM 诞生于欧洲，图 1.4 给出了 GSM 的基本组成，包括接入网(Access Network)和核心网(Core Network)。接入网包括移动台(MS)和基站系统(BSS)，核心网又称为网络系统(NSS)。

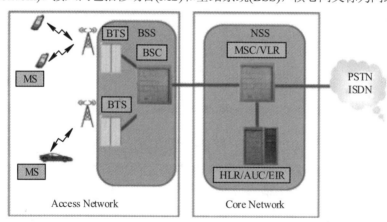

图 1.4　GSM——真正能全球漫游的移动通信系统

在 BSS 中，BSC 是基站控制系统，BTS 是基站收发系统。在 NSS 中，MSC 是移动交换中心，HLR 是归属位置寄存器，VLR 是漫游位置寄存器，AUC 是鉴权控制，EIR 是设备标识寄存器。MS 通过 BSS 和 NSS 连接到公用交换电话网(PSTN)和综合业务数字网(ISDN)上。

GSM 具有如下特征：

(1) 支持 64 kb/s 的数据传输速率，可与 ISDN 互联；

(2) 使用 900 MHz 频带，使用 1800 MHz 频带的称为 DCS1800；

(3) 采用了 FDD(频分双工)和 TDMA(时分多址) 接入方式，每个载频支持 8 个信道，信号带宽为 200 kHz；

(4) 标准体制更为完善，技术也相对成熟，缺点是无法和模拟移动通信系统兼容。

IS-95 是美国的标准，其特点有：

(1) 使用 800 MHz 频带；

(2) 指定使用 CDMA (码分多址)接入方式。

在有效性与可靠性方面，2G 移动通信系统的加密程度存在不足，对通信信息的保密能力不强，容易被攻击者监听。

相比 1G，2G 最大的突破在于从模拟传输进化到数字传输，这标志着移动通信进入数字化时代，是通信的一次数字化革命。另外，2G 相对模拟通信技术的一个重要变化是出现了真正意义上的移动通信标准组织，即欧洲电信标准组织(European Telecommunications Standards Institute，ETSI)。这个组织的出现，推动了欧洲移动通信技术的发展，带动了全球移动通信的大发展，产生了爱立信、诺基亚等欧洲通信巨头，更好地推动了移动通信产业的发展。

随着手机的逐步普及，人们对于手机上网的需求越来越强烈，2G 的增强功能"通用分组无线业务"(General Packet Radio Service，GPRS)，或者叫作 2.5G 的技术应运而生。2G 支持低速数据业务，这使得人们可以在手机上浏览文本、图片，以及下载音乐，大家所熟悉的彩铃业务就是那时诞生的。

3. 3G 移动通信

第三代(3G)移动通信系统最早由 ITU 于 1985 年提出，系统工作在 2000 MHz 频段。它的核心技术是 CDMA，其主要分为 CDMA2000、WCDMA 和 TD-SCDMA。TD-SCDMA 技术由我国提出，WCDMA 系统如图 1.5 所示。它们各自的特点如下：

(1) CDMA2000 采用直接序列扩频码分多址和频分双工方式，在 EV-DO Rel A 版本中可以在 1.25 MHz 的带宽内提供高达 3.1 Mb/s 的下行数据传输速率。

(2) WCDMA 采用直接序列扩频码分多址和频分双工方式，以第三代合作伙伴计划(3rd Generation Partnership Project，3GPP)的 R99/R4 为基础版本，在扩展版本 R5、R6 中，可以在 5 MHz 的带宽内，提供高达 21 Mb/s 的用户数据传输速率。

(3) TD-SCDMA 采用时分双工(TDD)与 FDMA/TDMA/CDMA 相结合的技术，其基础版本为 R4，可以在 1.6 MHz 的带宽内，提供高达 384 kb/s 的用户数据传输速率，其有效性与可靠性比 2G 均得到大幅度提升，在通信的加密保护和抗干扰能力方面表现优秀。由于带宽能力的显著提升，移动终端逐步走向智能化，移动终端产业的快速发展进入一个全新的阶段。

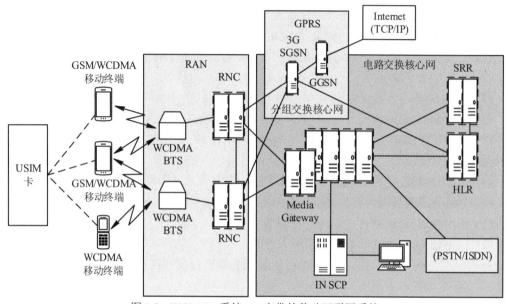

图 1.5   WCDMA 系统——窄带的移动互联网系统

4. 4G 移动通信

在 3G 技术之后,业界提出了长期演进(Long Term Evolution,LTE)的通信标准。2012 年 1 月 20 日,ITU 通过了 4 种 4G(第四代移动通信系统)标准,分别是 LTE、LTE-Advanced、WiMAX 和 Wireless MAN-Advanced。从严格意义上讲,LTE 的基础版本 R8 并没有完全达到 4G 的指标要求,而是 3G 技术和 4G 技术的过渡,可以称它为 3.9G。真正的 4G 是 LTE 的增强版本,称为 LTE-Advanced 或 LTE+,包括 3GPP 的 R10、R11 和 R12。我国自主研发的 TD-LTE 是 LTE-Advanced 技术的标准分支之一,在 4G 领域的发展中占有重要席位。

4G 系统的组成如图 1.6 所示。其中,MME 是移动管理实体;S-GW 是服务网关;PDN-GW 又称为 P-GW,是公共数据网关;PCRF 是策略和计费规则功能;Uu、X2 等为接口。

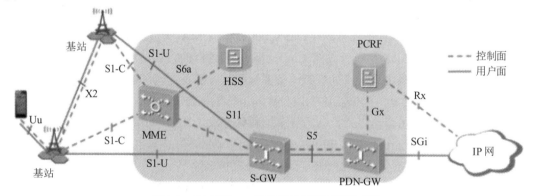

图 1.6   4G 系统——宽带移动互联网通信系统

4G 移动通信的主要特点有:采用正交频分复用 (Orthogonal Frequency Division Multiplexing,OFDM)技术和多进多出(Multiple Input Multiple Output,MIMO)技术,在发送端和接收端都同时利用多个子载波和多个天线发送和接收信息,其通信速度是 3G 通信速度的数十倍乃至数百倍。4G 采用软件无线电技术，使用软件编程取代相应的硬件功能，通过软件应用和更新即可实现多种终端的无线通信，通信方式非常灵活多变。

现行的多种多样的 4G 技术标准在演化和标准化的过程中不断产生对抗与融合，使 4G 通信技术成为更加稳定、效率更高的主流通信技术。如今，移动通信已经进入了 4G 通信普及的时代，4G 移动通信的高数据传输率和高安全性，以及较低的误码率让移动通信有了更大的发展空间，4G 移动通信支撑起了现在的高度发达的手机和软件产业，成为智能时代的重要基石。

5. 5G 移动通信

如果说传统的 2G、3G、4G 主要面向人的业务，每一代都主要针对速率进行增强，则 5G(见图 1.7)的能力指标是多维的。5G 不再单纯强调峰值速率，而是综合考虑了 8 个指标，包括峰值速率、用户体验速率、频谱效率、移动性、时延、连接密度、网络能量效率和流量密度。5G 使能未来通信的较为关键的 3 个需求维度是时延、吞吐量和连接数，具体为 1 ms 的端到端时延，10 Gb/s 的吞吐量，以及 100 万每平方千米的连接数。未来 5G 主要有三大应用场景，分别是增强型移动宽带(enhanced Mobile Broadband，eMBB)、海量机器类通信(massive Machine Type Communication，mMTC)，以及超高可靠低时延通信(ultra Reliable & Low Latency Communication，uRLLC)。这些场景将进一步拓展原有的业务边界，从企业对消费者(Business-to-Consumer，B2C)行业向企业对企业(Business-to-Business，B2B)行业进行延展。从 5G 的技术相关性以及市场前景两个维度来看，智能电网、无人驾驶、增强现实(Augmented Reality，AR)和虚拟现实(Virtual Reality，VR)是未来 5G 的几个比较大的应用领域。目前，3GPP 等标准组织正在继续完善 5G 相关的技术标准，5G 也被正式命名为 IMT-2020。

图 1.7　5G 系统——万物互联的移动通信系统

5G 的第一个演进标准 3GPP Release 16 于 2020 年 7 月 3 日完成，主要新增了 5G 超级上行技术、完善了超高可靠性低延迟通信和大规模机器类互联的场景，并进一步提升了通信能效和用户体验。IMT-2020 规范要求速率高达 20 Gb/s，可以实现宽通道带宽和大容量 MIMO。3GPP 标准组织提交了 5G NR(New Radio，新无线电)作为其 5G 通信标准的提案。

5G NR 的频率范围包括 6 GHz 以下的低频范围(FR1)和 24～52 GHz 的毫米波(FR2)。在早期发展阶段，在 5G 非独立组网(NSA)的情况下，其速率和延迟相较于新一代 4G 系统只有 25%～50%的改善幅度。独立组网(SA)的 eMBB 部署的仿真显示，在 FR1 范围内，吞吐量提高了 2.5 倍；在 FR2 范围内，吞吐量提高了近 20 倍。

1.2　移动通信基础

从第一代移动通信系统诞生至今，已有四十多年的历史，每一代移动通信系统的诞生，都深刻地改变着整个社会的发展。从 1G 到 5G，移动通信技术的发展既是一段科技的进化史，又是一次又一次的国家之间的博弈。

1.2.1　基本概念和特点

移动通信是指参与者中至少有一方在移动状态(或临时静止状态)下进行的信息传输和交换。移动通信的根本特征是移动性(Mobility)。

移动通信具有以下特点：

(1) 移动通信网络与终端的通路采用无线信道，其相比固定信道具有干扰大、带宽有限的特点。

(2) 终端可能在移动过程中处理有关业务，移动通信网络系统需要保证终端在移动中的资源分配和终端可达性，同时需要考虑移动中终端的耗电。

移动通信网络有多种形式，如终端自组网(见图 1.8(a))、单收发台(见图 1.8(b))、蜂窝式(见图 1.8(c))。蜂窝网络、卫星通信系统、无线集群通信网络、Ad-Hoc、无线对讲、无线寻呼系统和无绳电话系统等，从某种程度上讲都可以被称为移动通信网络。

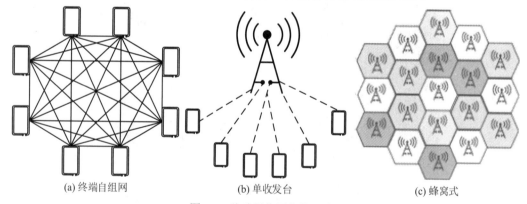

(a) 终端自组网　　　　　(b) 单收发台　　　　　(c) 蜂窝式

图 1.8　移动通信网络的形式

蜂窝网络是真正意义上实现大规模、连续覆盖、交互式通信的公共移动通信网络。本章介绍的移动通信网络(1G/2G/3G/4G/5G)是指蜂窝网络，实际上，蜂窝网络已经几乎成了移动通信网络的代名词。

蜂窝网络使用无线方式连接终端，网络被划分为一个个小的区域(Cell)。在每个小区域(Cell 或蜂窝)内，由无线收发台(基站)提供无线连接服务。不相邻的 Cell 可以采用相同的频率。大量的 Cell 组成的结构形如蜂窝，因而得名蜂窝网络。

蜂窝网络系统很好地解决了移动通信中的以下三个难题：

(1) 不同小区(非相邻)中可以使用相同的频率，这使得频谱利用率提高，系统容量得到大幅度提升，同时相邻小区之间通过采用不同的频率可大幅降低相互之间的干扰。

(2) 和单基站的系统相比，由于终端离基站更近，因此终端需要的功耗更低。

(3) 通过蜂窝结构可以无限延展网络覆盖面，这使得移动通信的范围不再受限。

1.2.2 网络的构成和功能

1. 移动通信网络的构成

移动通信网络的核心部分主要由基站子系统和网络子系统组成(从实际应用角度讲还包含操作维护子系统)，如图 1.9 所示。这个基本构成从 1G 网络开始到当前的 5G 网络都没有本质的变化。

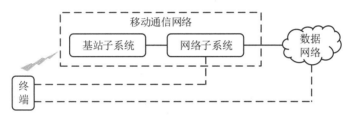

图 1.9　移动通信系统的组成

在图 1.9 中，终端或移动台(Mobile Station，MS)通过空口(无线信号)与基站子系统连接，基站子系统常被称为无线部分。网络子系统主要是指核心网。基站子系统与核心网间通过传输网络 (这部分传输网络被称为回传网络(Backhaul)) 连接。音视频业务(包含短消息等业务)由网络子系统本身提供。而数传业务对应的网络子系统本身并不是最终业务的提供者(即网络子系统本身不提供网页浏览、视频等业务)，它主要提供数据通道的管理与数据网络接口。终端通过移动通信网络访问数据网络中的数据和应用(如新浪、微信等)。

2. 移动通信网络的功能

移动通信网络主要有移动性管理、接入管理、会话管理和业务路由四个关键功能。

1) 移动性管理

移动性管理可分为空闲态移动性管理和连接态移动性管理。

(1) 空闲态移动性管理：在终端没有做业务的状态(空闲态)下记录终端位置。在终端没有做业务的时候，如果终端的位置发生了变化，则网络需要跟踪终端的大致位置，以便后续有下行业务(网络到终端方向的业务，例如微信消息通知)时能够找到终端。一般的做法是终端定期或发生位置变更时，主动向网络报告，网络记录终端最新的位置信息(位置更新，路由区更新/注册)。

(2) 连接态移动性管理：在终端正在做业务的状态(连接态)下保证业务连续性(不中断)。在终端正在做业务的时候，其位置可能发生变化，网络则需要维持业务正常进行。一般的做法是先在新的位置分配通信需要使用的资源，然后将业务切换到新的资源上来，或者将业务暂时缓存起来，等到新的资源分配好后再继续业务(切换)。

2) 接入管理

接入管理主要有无线接入管理和网络接入控制。

(1) 无线接入管理：包括网络广播无线接入信息，对终端的连接请求做出处理，分配资源(无线资源管理)，记录终端当前是否和网络有连接，记录终端的能力以便网络根据终端能力做出最优化处理(终端状态和终端能力管理)。当网络需要与没有网络连接(空闲态)的终端进行通信时，网络要能够对终端进行寻呼，触发终端接入网络(寻呼流程)。由于移动终端本身电池容量有限，需要从网络侧考虑协助终端节电。

(2) 网络接入控制：网络既可以对终端用户(SIM 卡)进行认证，又可以对终端本身进行认证，验证用户的合法性；同时终端也可以对网络进行认证，验证网络的合法性。另外，网络还需要对与终端之间的通信进行加密和完整性保护。在网络负荷较高时，还需要对终端接入进行限制以保证网络正常运行。

3) 会话管理

会话管理是指能够根据终端用户的业务签约情况对终端用户的业务交互(可以称为会话)进行准入控制、资源分配、释放、计费信息管理等。

4) 业务路由

无论是音视频业务还是数据传输业务，一般情况下，移动通信网络都不是业务的终结点，因此网络的一个关键作用就是需要将业务路由到业务目的地。对于音视频业务，目的地就是被叫用户终端；对于数据传输业务，目的地就是业务服务器。

1.2.3 基本业务流程

第一代移动通信网络(1G，模拟网络)仅支持语音业务。第二代移动通信网络(2G，GSM)支持基于电路域的数据业务，GPRS(被称为 2.5G)开始支持基于分组的数据传输业务，而语音业务仍然由 MSC 处理。第三代移动通信网络(3G，WCDMA/CDMA2000/TD-SCDMA)开始支持视频呼叫业务。从第四代移动通信网络(4G，LTE)的出现开始，音视频业务承载在分组数据通道上，业务本身由 IP 多媒体子系统(IP Multimedia Subsystem，IMS)网络处理。

可以看到，语音业务(打电话)在 4G 出现之前和 4G 出现之后发生了较大的变化，但数据传输业务本质上没有发生很大的变化。

1. 电路域语音业务(4G 之前)

电路域语音业务流程如图 1.10 所示，其基本流程如下。

(1) 接入侧基站广播信道等相关信息，终端定时接收广播信息并获取空口信道信息。

(2) 终端用户拨打电话。

(3) 终端根据获取的信息，发起接入请求。

(4) 接入侧、核心网收到请求后对用户进行认证，认证通过后分配空口和网络侧资源。

(5) 核心网先根据终端拨打的被叫号码(被呼叫用户的 MSISDN 号)并通过 HLR 查询被叫用户当前的位置信息，从被叫 MSC 获得被叫用户的移动台漫游号码(Mobile Station

Roaming Number，MSRN)(MSRN 的前缀部分体现了被叫用户所在的 MSC 地址信息)。然后，核心网 MSC 根据 MSRN 的前缀查询数据配置，获取被叫业务路由，将呼叫信息发送给被叫所在的 MSC。由于几乎所有的厂家都实现了 MSC 和 VLR 的合一，为了简化描述，这里 MSC 也代表 MSC 设备，本身包含了 MSC 和 VLR 这两个角色的功能。

(6) 被叫所在的 MSC 查询自身的 VLR 数据库，获取用户当前所在的位置信息，发起寻呼流程。基站将寻呼消息在广播信道中下发。

(7) 被叫终端会周期性地侦听广播信道中的寻呼消息，当发现有对自己的寻呼时，向网络发起寻呼响应消息。

(8) 被叫 MSC 接收到被叫的寻呼相应消息后，对被叫进行认证并分配资源，然后下发呼叫相关信息给被叫终端，被叫终端收到消息后振铃，同时返回振铃消息给网络侧，网络侧将振铃消息传递给主叫终端，此时主叫用户就能听到被叫回铃音(或者是经过彩铃服务器播放的彩铃)。

(9) 等被叫用户听到振铃并按下接听键后，终端会将应答消息发送给网络侧，网络侧收到此应答消息后停止给主叫用户播放回铃音，将主被叫音视频通道连接起来，此时主被叫用户就可以通话了，同时主被叫 MSC 还会开始产生计费信息(话单)。

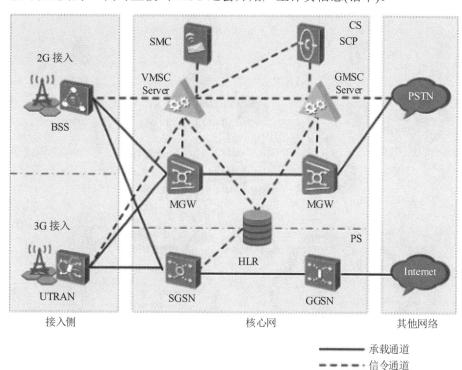

图 1.10 电路域语音业务流程

2G 和 3G 的呼叫基本流程与此类似，差异只是无线侧接口和使用的协议不同。

2. VOLTE 语音业务(4G 之后)

VOLTE 语音业务流程如图 1.11 所示，具体呼叫流程(VOLTE 用户呼叫 VOLTE 用户)如下。

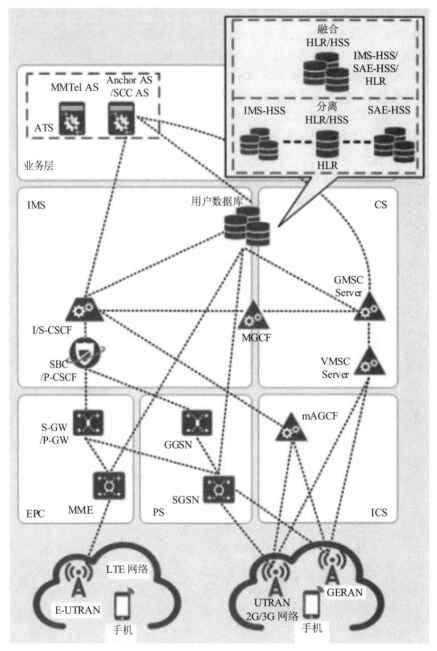

图 1.11   VOLTE 语音业务流程

(1) 终端在 LTE 网络下注册，注册后会发起 IMS 缺省承载申请，用于传递 IMS 信令。同时 LTE 网络会将 IMS 域的 P-CSCF 地址下发给终端。终端在无线侧的接入过程与 CS 域类似。

(2) 终端用户拨打电话，终端使用 LTE 分配的 IMS 缺省承载通道向 P-CSCF 地址发起呼叫请求(VOLTE 采用 SIP 作为呼叫控制协议，SIP 为 IP 网络设计，可以运行于 TCP、UDP 等各种传输层协议，如 SIP/UDP/IP 或 SIP/TCP/IP)。

(3) P-CSCF 进行认证，分配对应的资源后，将呼叫请求发送给 S-CSCF(主要负责呼叫路由)。

(4) S-CSCF 根据主叫用户(即发起呼叫的用户)的号码查询用户签约的业务信息(iFC)，将呼叫路由到主叫用户的 AS(应用服务器，在 IMS 域中提供音视频等业务处理能力)进行主叫侧业务处理。

(5) 主叫 AS(可能有多个)处理完主叫业务后，将呼叫送回给 S-CSCF，由 S-CSCF、I-CSCF 进一步根据拨打的被叫号码查询 HSS，获取被叫用户(被拨打的用户)所在地的 S-CSCF 位置信息，将呼叫请求送到被叫所在的 S-CSCF 中。

(6) 被叫 S-CSCF、被叫 AS、被叫 P-CSCF 做出类似的处理后，根据被叫用户注册时候的 IP 地址，将消息送给被叫所在的 P-GW(实际上还需要 PCRF 设备的帮助，该设备记录了用户 IP 地址和归属 PGW 的对应关系以及数据会话相关信息)。

(7) 被叫 PGW 收到下行 DDN 通知，如果此时终端在连接态，则直接将消息下发给被叫用户。否则，需要通过 MME 下发寻呼，触发用户重新和网络取得联系，恢复连接态，然后再将消息下发出去。

后续流程和 4G 之前的 CS 域呼叫流程类似。

VONR 和 VOLTE 语音在 IMS 域基本相同，唯一的差别是 VONR 走的是 5G 的数据通道。

3. 数据传输业务(5G 上网)

5G 网络组成如图 1.12 所示，其中包括网元切片选择 (Network Slice Selection Function，NSSF)、网络能力开放功能 (Network Exposure Function/Network Element Function，NEF)、网络注册功能(Network Register Function，NRF)、策略控制功能/分组控制功能 (Policy Control Function/Packet Control Function，PCF)、统一数据管理功能 (Unified Data Management，UDM)、鉴权服务功能 (Authentication Server Function，AUSF)、会话管理功能 (Session Management Function，SMF)、用户面功能 (User Plane Function/User Profile Function，UPF)及接入和移动性管理功能 (Access and Mobility management Function，AMF)等。

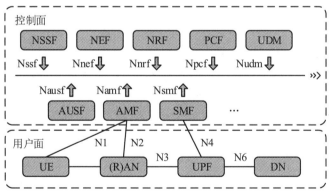

图 1.12　5G 网络组成

5G 上网数据传输业务的基本流程如下。

(1) 终端通过基站发起业务请求并将消息给核心网 AMF。无线接口的接入过程与前面描述的 CS 域类似。

(2) AMF 对终端进行鉴权认证后，将发起会话请求或更新的消息给负责会话处理的 SMF，SMF 查询终端签约的策略信息后，通知负责用户面数据处理的 UPF 进行策略更新和资源准备。然后请求无线侧基站准备对应的资源，其中携带核心网侧的资源信息。

(3) 基站处理完无线侧资源分配后，返回响应消息给 SMF，SMF 将对应的资源信息通知 UPF，这样就完成了 UPF 和无线侧的传输资源信息交换，终端就可以使用数据传输业务上网了。

(4) UPF 会实时执行数据处理策略(流量识别、套餐限制等)，定期上报流量使用情况给 SMF 并产生计费单据。

(5) 一段时间后，若用户没有数据传输，则网络发起资源释放信号。

上述是 5G 上网流程的一个简单描述，这些内容将在后续章节进行详细介绍。

1.3　5G 网络概述

1.3.1　5G 和 5G-Advanced 的驱动力及愿景

5G 是指第五代移动通信系统，国际电信联盟无线电通信部门(ITU-R)正式确定 5G 的法定名称为"IMT-2020"。它的目标是实现高速率、低时延、节能环保、低成本、大容量。

1. 5G 的驱动力

随着移动互联网和物联网的发展，新的业务逐步涌现。一方面用户对增强现实、虚拟现实、超高清(3D)视频等极致业务体验的需求逐步增加，这导致移动网络流量飞速增长；另一方面随着移动通信技术渗透进更多的行业和领域，传统以人为中心的通信，延伸到物与物、人与物的智能互联。未来通信技术和传感技术将更加深入地融合，促使物联网应用呈现爆发性增长的趋势，诸如移动医疗、车联网、智能家居、工业控制、环境监测的新场景将覆盖人类生活的方方面面，数以千亿的设备将接入移动网络中，实现真正的"万物互联"，这对移动通信体系架构带来了新的技术挑战，驱动 5G 系统做出新的变革。

2. 5G 总体愿景

IMT-2020 (5G)推进组在《5G 愿景与需求白皮书》中定义了 5G 的总体愿景："5G 将渗透到未来社会的各个领域，以用户为中心构建全方位的信息生态系统。5G 将使信息突破时空限制，提供极佳的交互体验，为用户带来身临其境的信息盛宴；5G 将拉近万物的距离，通过无缝融合的方式，便捷地实现人与万物的智能互联。5G 将为用户提供光纤般的接入速率，'零'时延的使用体验，千亿设备的连接能力，超高流量密度、超高连接数密度和超高移动性等多场景的一致服务，业务及用户感知的智能优化，同时将为网络带来超百倍的能效提升和超百倍的比特成本降低，最终实现'信息随心至，万物触手及'的总体愿景。"

ITU 定义了 5G 的三大场景，如图 1.13 所示。其中，增强型移动宽带(eMBB)要求峰值速率高达 20 Gb/s，海量机器类通信(mMTC)要求 100 万连接/平方千米的连接密度，超高可靠低时延通信(uRLLC)要求 1 ms 的时延。eMBB 作为 4G LTE 移动宽带服务的演进技术，具有更快的连接、更高的吞吐量和更大的容量，是 5G 的主要应用场景。uRLLC 是指将网络应用在需要不间断和稳定数据链接的关键任务场景中，满足场景对于无线通信网络的超高可靠性和低延迟的要求，提供低于 1 ms 空口延迟的可靠无线通信连接。mMTC 将用于大量设备的互联通信。

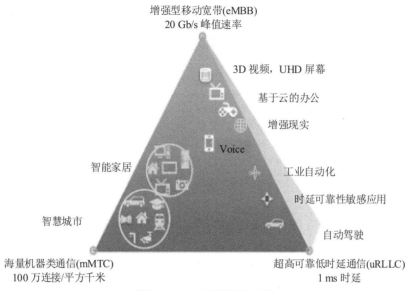

图 1.13　5G 的场景和需求

3. 5G 带来哪些改变

5G 将会给我们的生活带来怎样的改变？5G 最大的改变就是实现了从人与人之间的通信走向人与物、物与物之间的通信，实现了万物互联，推动了社会发展。具体来说有如下几方面的改变。

(1) 数据传输速率：5G 的数据传输速率高达 20 Gb/s，比 4G 快 100 倍，利用 5G 可轻松看 3D 影片或 4K 电影；这意味着要采用更高的频段，建设更多的基站，并引入大规模MIMO(Massive MIMO)等关键技术。

(2) 容量与能耗：5G 的容量是 4G 的 1000 倍，5G 网络能支持更多的传感器和智能设备连接，从而满足智能家居、智能工厂、智慧城市等应用需求，同时维持低功耗的续航能力。

(3) 低时延方面：工业 4.0 智慧工厂、车联网、远程医疗等应用，都必须具有超低时延。

低时延和大规模物联网连接，意味着网络能提供多样化的服务，这就需要网络更加灵活分布，从而需要网络基于网络功能虚拟化(Network Function Virtualization，NFV)/软件定义网络(Software Defined Network，SDN)向软件化/云化转型，用信息技术(IT)的方式重构网络，实现网络切片化。

4. 5G 的标准发展

5G 的标准从 2016 年开始研究，到 2020 年完成第一个演进标准 3GPP Release 16，如图 1.14 所示。3GPP Release 15(简称 R15)基础版本面向 eMBB，Release 16(简称 R16)增强NR 完整竞争力，大致经历了两个阶段。其中，第一阶段定义了 eMBB、uRLLC 的完整功能，2017 年 12 月完成 NSA 标准，2018 年 3 月冻结，2018 年 6 月 14 日完成 SA 标准，9月冻结。第二阶段定义了 mMTC 完整功能，满足 ITU 定义的全部场景需求，2019 年 12 月完成。

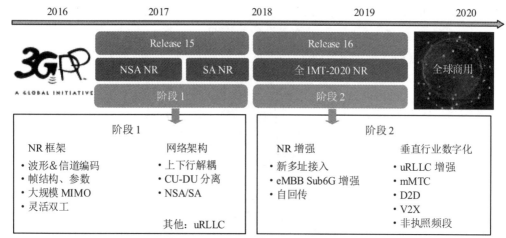

图 1.14　5G 的标准化进展和关键技术

2020 年是全球 5G 发展的元年，而目前 5G 正处于高速发展的黄金阶段。在 5G 建设的早期，在 5G 非独立组网(NSA)的情况下，其速度和延迟相较于新一代 4G 系统只有 25%～50%的改善幅度；在独立组网(SA)完成后，5G 的特性才能真正发挥出来。3GPP 预计 2025 年左右推出商用 3GPP Release 18(简称 R18，又称为 5G-Advanced)标准，届时将实现 20 Gb/s 的下行速率与 10 Gb/s 的上行速率。

5. 5G-Advanced 演进的驱动力

整体而言，全球的 5G 产业仍然处于网络建设早期，而未来的 6G 技术至少将至 2030 年才会开始应用。因此无论从业务场景、网络技术，还是从产业进程、部署节奏等方面而言，未来 3～5 年仍将是 5G 发展的关键时期。

为此，3GPP 在 2021 年 4 月举行的第 46 次 PCG 会议上初步确定以 5G-Advanced 作为 5G 网络演进的理念，后续电信产业将从 R18 开始逐步为 5G-Advanced 完善框架和充实内容。

在 5G-Advanced 网络的演进过程中，核心网起着举足轻重的作用。一方面，核心网上接各种业务和应用，是整个网络业务的汇聚点和枢纽，也是未来业务发展的助推器；另一方面，核心网下连各种制式的终端及接入网，是整个网络拓扑的中心，牵一发而动全身。因此，基于实际业务需求推动 5G 核心网技术发展及架构演进，无论对运营商还是对行业用户都具有巨大的价值。

2021 年 12 月 3GPP SA2 全会通过投票确定了 R18 版本的 28 个研究课题，参与方包括运营商、网络设备商、终端及芯片厂商，充分体现出产业界对 5G-Advanced 核心网的广泛参与及高度关注。扩展现实(Extended Reality，XR)与媒体服务、边缘计算增强和网络智能增强分别代表了对 5G 新业务、网络架构与网络数智化的期望。

6. 5G-Advanced 的整体愿景

5G-Advanced 的定义目前业界还未完全达成一致，运营商和各个设备商等都有自己的观点。以华为为例，在 ITU 定义的 eMBB、mMTC 和 uRLLC 三个标准 5G 场景的基础上，提出了三个新的内容：上行超宽带 (Uplink Centric Broadband Communication，UCBC)、宽带实时交互(Real-Time Broadband Communication，RTBC)和通信感知融合(Harmonized

Communication and Sensing，HCS)。这三个场景与 ITU 定义的 5G 场景一起形成 5G-Advanced 的六边形矩阵，如图 1.15 所示。

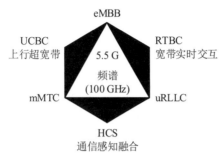

图 1.15　华为 5G-Advanced 愿景

　　在这些场景下，5G-Advanced 的能力远远超过 5G。例如，5G-Advanced 将使 eMBB 的每比特成本降低至原来的 10%，通过 UCBC 提供更高的上行能力，满足 80%的面向行业(To Business，ToB)场景的需求；5G-Advanced 将提供 5 ms 的低时延，10 Gb/s 以上的下行速率，这是享受 XR 和全息图等身临其境应用的必备条件，通过 RTBC 可以实现 XR 用户数倍增，并通过低功耗厘米级定位和广域高分辨率传感实现全场景高精度室内定位，增强自动驾驶汽车的安全性和特定区域的老年人护理等功能；另外必须建设以上行为中心的网络，为工业数字化提供 10 倍的上行速度，以支持新的商业机会。

　　每一代移动通信技术都在经历了大约十年后，被新的标准取代。自 20 世纪 80 年代以来，经过四代移动通信技术的发展，人与人的即时连接基本上成为现实。现在，随着 5G 技术的快速商业化，我们离实现万物互联更近了。未来，5G-Advanced 将带领我们迈向万物智能互联网时代。

7. 5G-Advanced 网络演进——从联结走向业务使能

　　经过三年的建设，5G 已经进入高速发展期，并带来了显著价值，5G 商业化已经进入正循环。随着应用场景的不断延伸、元宇宙相关应用的兴起和 5G 行业场景的多样化，网络能力将面临更多、更高要求。5G 网络需要持续演进和增强，以全面增强网络的联结能力，使能全业务场景。

　　1) 新通话

　　在话音领域，通过对移动网络原生通话能力的增强，通话体验从音视频走向智能交互式，话音业务从满足用户的基本需求，向满足各行业的场景化、个性化需求演进，成为运营商转型升级和赋能行业的重要着力点。

　　2) MEC to X

　　基于 5G 和多接入边缘计算(Multi-Access Edge Computing，MEC)的结合，5.5G 技术将催生一系列的新场景、新业务，从而成为行业创新的孵化器。5G MEC 将从单域到双域、从局域到广域、从园区到现场、从联结到计算，使能全场景行业网络。5G MEC 网络架构将走向超分布、全互联，网络将进一步下沉到园区、产线、现场，融合 DOICT(DT、OT、IT 和 CT 技术的统称)关键技术，增强联结能力，使能工业生产场景，形成广域全互联，实现无处不在的专网体验，支撑制造业、采矿业、钢铁业等多个行业的 5G 专网部署。

3) 新视频

随着网络技术的发展，网络传输能力和视频通信能力持续提升，视频体验也将从单屏娱乐视频演进到多屏互动和社交视频，ToC(面向个人)和 ToH(面向家庭)将进一步融合，打造家庭视听新场景。面向 5.5G 的新视频，将打破传统视频体验，促进视频平台和视频通话的结合，提供社交视频的新能力。

4) 电信云

电信云基础设施是全业务使能的网络基础，经过近 10 年的探索，运营商已经在 NFV 技术上形成了电信网云化的最佳实践。进入 5G 时代，电信云作为全业务使能的底座，将持续演进，支持虚机 + 容器双栈架构，引入原生智能，具备高可靠性、泛在架构、智简运维的特点，用一朵云为千行百业提供多元化算力，为 5.5G 构建坚实的网络基础。

5) 自动驾驶网络

随着核心网的云化以及多业务的发展，网络变得愈加复杂，维护对象呈现出百倍增长的趋势，这为网络运维带来了巨大挑战。自动驾驶网络致力于提升核心网的智能运维能力，实现"高稳网络""高效运维"和"体验优化"三大价值场景，网络保障从被动处理走向主动预防，实现自动驾驶网络 L4 级别，保障高价值用户服务等级协议(Service Level Agreement，SLA)，打造云化网络运维新纪元。

1.3.2 5G 全球商用情况

根据全球移动通信系统协会(Groupe Speciale Mobile Association，GSMA，命名遵从 1982 年创立时的拼写)官方网站信息，全球已有 47 个国家 106 张网络在使用 5G 网络。

中国在 5G 方面处于领跑者地位，工业和信息化部的统计显示，截至 2021 年底，我国累计建成并开通 5G 基站 142.5 万个，相比上一年新建 5G 基站超过 65 万个。目前，我国 5G 基站总量占全球 60% 以上，5G 网络已覆盖所有地级市城区，超过 98% 的县城城区和 80% 的乡镇镇区。每一万人中拥有 5G 基站数达到 10.1 个，比 2020 年末提高近一倍。5G 用户规模不断扩大，5G 移动电话用户已达到 3.55 亿户。伴随 5G 网络的快速发展，5G 应用创新案例已超过 9000 个，5G 正快速融入千行百业，形成系统领先优势。韩国、日本、美国，以及欧洲的几个国家也处于 5G 发展的领先地位。

1.3.3 5G 对行业用户的吸引力

5G 可以面向个人用户和垂直行业提供基础和增强能力，在如下方面对行业用户具有吸引力。

(1) 带宽和速率的提升：用户体验速率从下行 10 Mb/s、上行 5 Mb/s，提升到下行 100 Mb/s、上行 50 Mb/s；峰值速率从下行 1 Gb/s、上行 0.5 Gb/s 提升到下行 20 Gb/s、上行 10 Gb/s；用户面超低时延理论值从 E2E 10 ms 降低到 E2E 1 ms。

(2) 业务灵活，按需定制：5G 网络支持服务化软件架构，可以进行业务扩展。

(3) 性价比逐步优化：2020 年底，5G 模组价格大约为 700 元，到 2022 年底，5G 模组的价格下降到 265 元左右。

同时，5G 网络为了 ToB，不断在做各种技术提升。其技术特点包括：联结增强(eMBB、mMTC、URLLC)、服务化架构(Service Based Architecture)、切片(Slicing)、MEC、安全、5G 确定性网络、自动化、智能化等。

1.3.4　行业对 5G 的需求

5G 网络是面向垂直行业的，每个行业都具有专有需求、产业链，其技术有丰富性和必须性，这里提取一些典型行业对移动网络(连接管道)的技术需求进行探讨，如表 1.1 所示。

需要关注的是，行业类型会导致业务模型不同，其需求维度也会不同，如可靠性、有边界的时延、安全性(数据不出园区)、环境要求。

表 1.1　5G 的行业应用需求

行业类型	带宽需求	速率需求	可靠性(误码率)	时延需求	安全性	综合体验	终端成熟度	综合布网成本
电力	多场景	多场景	高	多场景	高	多场景	必须	必须
工业制造(以离散制造为例)	多场景	多场景	高	高	高	多场景	必须	必须
交通	多场景	多场景	高	高	高	多场景	必须	必须
媒资	高	高	多场景	多场景	多场景	高	必须	必须
教育	多场景	多场景	多场景	多场景	多场景	高	必须	必须
医疗	多场景	多场景	高	高	高	多场景	必须	必须

本　章　小　结

本章首先描述了通信技术的发展历程，然后介绍了移动通信的基本概念和特点，网络构成和功能，以及基本业务流程，最后重点阐述了 5G 网络的基本情况，包括 5G 和 5G-Advanced 的驱动力及愿景、5G 的全球商业化情况，以及 5G 的行业应用需求。通过本章的学习，读者可以对 5G 有一个初步的认识，有助于后续进一步开展 5G 核心网的学习。

第 2 章　5G 网络架构

2.1　5G 网络架构概述

2.1.1　4G 网络架构

为了更好地掌握 5G 网络架构，先要对 4G 网络架构有一个认识，通过比较 4G 和 5G 的区别，可深入理解 5G 核心网的特点和优越性。

4G 网络架构如图 2.1 所示，主要包含用户设备 (UE)、4G 基站(eNodeB)和核心网三部分。

eNodeB 是 4G 网络中的基站，具有无线资源管理功能，对接收到的用户数据流进行压缩和加密等，是面向终端开启连接 4G 网络的门户。eNodeB 在控制面与 MME(移动性管理实体)完成信令处理，在用户面与服务网关(Serving-Gateway，S-GW)完成数据的传送和转发。

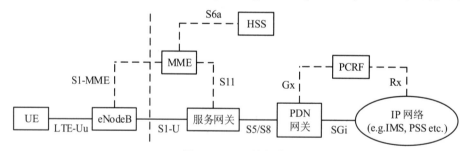

图 2.1　4G 网络架构

图 2.1 中，核心网包括多个网元，具体描述如下。

(1) MME：相当于核心网中的总管家，负责控制面用户的移动性状态管理、分配的临时身份识别，以及管理用户的跟踪区列表，并且可以选择 S-GW 和 PDN 网关(PDN-Gateway，P-GW)，也可以分发寻呼消息至 eNodeB 节点等。

(2) 服务网关(S-GW)：在核心网中可以终结 E-UTRAN 方向的接口。当因寻呼产生用户面数据时，S-GW 可以将其终止。该网元也可以实现分组数据的路由和转发，是 3GPP 内不同接入网络间的用户锚点，可以处理用户在不同接入技术之间移动时用户面的数据交换等。

(3) PDN 网关(P-GW)：3GPP 接入网络和非 3GPP 接入网络的用户锚点，可以给 UE 分配 IP 地址，接入外部的数据网络，这是 P-GW 网元的主要功能。一个终端可以同时通过多个 P-GW 接入多个 PDN。

(4) HSS(归属用户服务器)：相当于核心网结构中的数据仓库，含有用户所有业务的数据信息、用户鉴权信息和用户位置管理信息等。

(5) PCRF(策略和计费规则功能网元)：为用户提供签约信息授权功能，动态完成 QoS 策略执行和基于流的计费功能。

从功能的角度来看，4G 的网络架构可以划分为用户侧和控制侧两个部分。用户侧(U侧)承载网络(用实线表示)：UE 首先同 eNodeB 建立无线连接，eNodeB 将数据转发到 S-GW，S-GW 和 P-GW 连接，数据通过 P-GW 进入外部 PDN 网络。控制侧(C 侧)信令传播网络(用虚线表示)：MME 负责协调所有的内部事务和外部事务，HSS 为 MME 提供用户的位置和签约信息，PCRF 负责 QoS 策略控制，并下发至 P-GW 执行。

在 4G 网络中，我们已经基本可以对网络进行 CU 分离(控制侧和用户侧分离)。但由于 4G 网元中的 S-GW 和 P-GW 仍然保留控制侧功能，因此该网络的 CU 分离是不彻底的。在 5G 网络中，通过对网元功能的重新部署，5G 网络可以做到真正的 CU 分离。

2.1.2　5G 网络架构

5G 网络架构由 5G 核心网 (5G Core，5GC)和无线接入网 (Radio Access Network，RAN)组成，如图 2.2 所示。

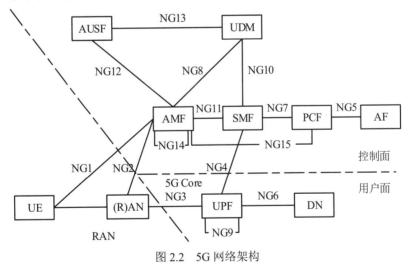

图 2.2　5G 网络架构

RAN 通过 NG 接口连接到 5GC，具体是通过 NG2(又称为 NG-C)接口连接到接入和移动性管理功能(AMF)，并通过 NG3(又称为 NG-U)接口连接到用户面功能(UPF)。5G 网络中各网络功能单元如表 2.1 所示。

与 4G 核心网相比，5G 核心网对控制面的移动性管理(MM)和会话管理(SM)进行了拆分，便于独立演进、扩容。同时，为适配未来不同服务的需求，5G 网络采用基于服务化的架构(Service-based Architecture，SBA)，将控制面功能抽象为多个独立的网络服务，实现了控制面和用户面的分离。

表 2.1　5G 核心网网元

功能单元	描　述
SMF	会话管理功能
PCF	策略控制功能
UDM	统一数据管理
AMF	接入和移动性管理功能
AUSF	鉴权服务功能
UPF	用户面功能
DN	数据网络

在 5G 的网络架构图中采用了分层的理念，上层是核心网层，下层是无线侧层。其中上层的核心网层中有如下网元：做切片选择的网元 NSSF，用来做网络能力开放的 NEF，具有网络注册功能的 NRF，具有策略控制功能/分组控制功能的 PCF，用于统一数据管理的 UDM，具有鉴权服务功能的 AUSF，具有会话管理功能的 SMF，具有用户面功能的 UPF，具有接入和移动性管理功能的 AMF 等。

2.1.3　SBA 架构

1. SBA 背景

5G 网络需要支持多种场景。不同的垂直行业和不同的应用对网络有不同的需求，5G 网络必须针对不同应用场景的服务需求引入不同的网络功能。在 IT 系统的服务化/微服务架构中，巨大的单体式应用被分解为小的服务，各服务可以独立开发和升级，各服务间通过应用程序接口(Application Program Interface，API)进行通信。这种基于服务化的架构(SBA)带来很多优点，具体如下。

(1) SBA 通过将巨大的单体式应用分解为多个服务，解决了单体式应用的复杂性问题。巨大的单体式应用通过模块化的方法被分解为多个可管理的分支或服务，每个服务的边界清晰，服务间应尽量减少相互依赖，每个服务可独立开发和演进。由此，单个服务的开发、升级和维护变得比单体式应用更容易。

(2) 这种架构使得每个服务都可以由专门的开发团队来开发，开发者可以自由选择开发技术。

(3) 每个服务可独立部署，开发者不再需要协调其他服务以减轻或消除对本服务的影响，这种改变可以加快部署速度。服务化架构模式使得持续化部署成为可能。

(4) 服务化架构模式使得每个服务可以独立扩展，从而可以根据每个服务的规模来部署满足需求的规模，实现网络的按需部署。

5G 核心网架构借鉴了 IT 系统服务化/微服务化架构的成功经验，通过模块化的方式重构和整合了核心网架构中的控制面网络功能，使得重构后的各控制面网络功能间解耦，网络功能可独立扩容、独立演进、按需部署。重构后的控制面网络功能对外暴露一组服务，所有控制面网络功能之间的交互采用服务化接口，同一种服务可以被多种网络功能调用，从而降低网络功能之间接口定义的耦合度，最终实现整网功能的按需定制，灵活支持不同的业务场景和需求。服务化架构在 IT 系统中的成功应用,为 5G 服务化架构提供了实践基础和经验。

此外,NFV 和 SDN 技术的发展和应用也为 5G 服务化系统提供了足够的技术支撑和基础环境。通过引入 NFV/SDN 技术,5G 硬件平台可实现软硬件解耦,并支持虚拟化资源动态配置和高效调度。

NFV 技术通过将底层物理资源映射为虚拟化资源,构造虚拟机(Virtual Machine,VM),并加载网络逻辑功能(Virtualized Network Function,VNF);虚拟化系统实现对虚拟化基础设施平台的统一管理和资源的动态重分配;SDN 技术则实现了控制和转发分离,以及控制面对用户面的可编程定制,实现虚拟机间的逻辑连接,构建承载信令和数据流的通路,最终实现接入网和核心网网络功能间的动态连接,配置端到端的业务链,实现灵活组网。

SBA 的标准化跟 3GPP 的其他标准一样分为两个阶段:标准研究阶段和标准正式制定阶段。2015 年 3GPP SA2 工作组启动 R15 标准研究阶段,开始讨论 5G 核心网的架构。在这个阶段,针对 5G 核心网的标准主要有两条架构路线:一条是保守派路线,其主要的观点是基于 4G 演进分组核心网(Evolved Packet Core,EPC)架构,配合 5G 空口增强,减少核心网的改动和投资,这种架构无法实现功能可灵活定义的网络架构目标,不满足产业按需灵活定制网络的需求;另一条路线是演进派路线,其主要的观点是信息与通信技术(ICT)融合,基于 SBA 架构定义 5G 核心网,满足 5G 时代业务对于网络多样性的需求。由于这两条路线都有运营商和设备商支持,因此,在标准研究阶段,这两种架构都被支持和进行讨论。自 2016 年底,R15 进入标准正式制定阶段。在这个阶段,中国移动联合华为等多家运营商、设备商和行业用户,说服保守派路线支持者放弃其支持的架构,确定 SBA 架构为 5G 核心网的唯一架构,这使得 5G 的核心网控制面采用服务化架构。这种架构既简化了协议的设计,又使得核心网控制面功能可以按需进行定制,方便运营商利用集中部署的云基础设施,为行业客户提供定制的网络,以满足千变万化的行业客户需求。

2. SBA 简介

如图 2.3 所示,5G 核心网采用服务化架构设计,将 5G 核心网功能拆分为多个组件。单个组件称为网络功能(Network Function,NF),每个组件上定义了一系列服务,对外提供标准化的 API,以便被其他组件(的服务)调用。为了达到服务上的独立部署及灵活扩缩容等目标,服务的定义不仅要满足基本业务功能,还需要做到低耦合、高内聚。

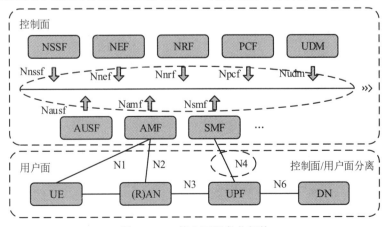

图 2.3　5G 核心网服务化架构

5G 核心网服务化架构设计的目标是研究基本网络功能和需求，抽象和定义基本的网络功能组件及服务，要求实现基于服务的高解耦、高复用，灵活编排，易于组装的特性。

1) 5G 核心网服务化架构

5G 核心网功能解耦重构为如下网络功能：AMF、SMF、AUSF、UDM、PCF、NRF、NEF、NSSF 和 UPF 等。

在重构并定义了 5G 核心网的网元功能之后，需要将网络功能进一步解耦和拆分成自包含、自管理、可重用的网络功能服务(NF Service，NFS)，这些网络功能服务间可互不依赖，独立运行。NFS 可独立升级、独立弹性扩缩，从而实现 5G 核心网的快速部署和弹性扩缩容。

如上，5G 核心网功能被重构为多个网络功能，针对每个网络功能又解耦为多个服务。网络功能可独立扩容、独立演进和按需部署，网络功能内部不同的服务也可以独立扩容、独立演进和按需部署。借鉴 IT 系统服务化/微服务化架构经验，控制面所有 NF 之间采用服务化接口，以降低 NF 之间接口定义的耦合度，最终实现整网功能的按需定制，灵活支持不同的业务场景和需求。

2) 网络的按需定制

如图 2.4 所示，在该示例中，根据业务需求需要部署 AMF、SMF 和 PCF 功能。其中，AMF 需要部署 AMF 服务 2 和 AMF 服务 3，SMF 需要部署 SMF 服务 1，PCF 需要部署 PCF 服务 2。

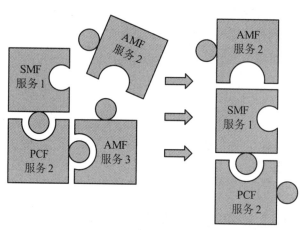

图 2.4   5G 核心网服务化架构示例

3. SBA 自治管理

基于虚拟化技术和基础设施平台，5G 核心网要能够满足灵活部署的要求，可根据负载、异常情况等自动弹性伸缩、恢复，并决策何时网络需要弹性伸缩以及伸缩多少。随着智能设备和物联网(Internet of Things，IoT)的发展，未来网络中无处不在的网络节点和由此产生的海量数据将带来更加复杂的负载情况。

针对网络负载的变化，5G 核心网要能够自动进行具有针对性的灵活部署，针对负载的分布情况进行自动化、智能化的弹性伸缩。这将要求 5G 网络更多地采用通用硬件架构进行部署，并引入 SDN/NFV 技术，实现软硬件解耦。这种伸缩性不仅可以针对整个系统进行水平扩展，而且应当能够针对某一功能模块进行按需扩展，从而以最低的代价提供最好的网络服务质量。

同时，5G 核心网需要具有一定的容错性和自我恢复能力。这种能力一方面体现在核心网硬件服务能力的冗余性上，即在网络基础设施上具有一定的冗余容错性；另一方面体现在核心网软件优化方面的容错性和容灾性上，即降低了服务间的依赖关系，可提供故障自动隔离和消除能力。5G 核心网允许针对不同的行业用户定制不同的网络切片，根据不同用户的不同需求有针对性地进行服务和资源配置。

以上需求都要求 5G 的服务化网络具有自治管理能力，能够实现自动服务注册、自动服务发现和自动服务请求授权等能力，从而为不同的网络切片选择所需要的网络功能服务。为此，5G 核心网引入了一个新的网络功能实体 NRF，用于提供网络功能(NF)和网络功能服务(NFS)的注册管理，以及提供网络功能和网络功能服务的发现等功能。如图 2.5 所示，NF作为服务提供者，可将自己的网络功能的配置文件及其所提供的网络功能服务的配置文件注册到 NRF 中，这样，NF 作为消费者，通过 NRF 可以找到适用的作为服务提供者的目标NF/NFS。核心网通过这种服务化的机制实现网络功能和服务的自动化互联和发现，无须人工配置，实现 5G 网络的自治管理，支持动态扩缩容。

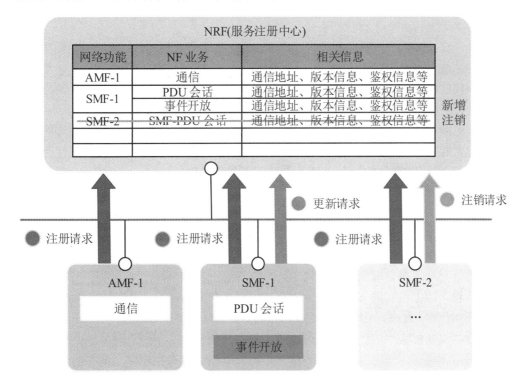

图 2.5　5G 核心网 NF 注册发现

相比 4G 而言，5GC 网络自治实现了业务快速上线和极简部署，具体优势如表 2.2所示。

表 2.2   网络架构自治管理能力对比

对　　比	5G 网络	4G 网络
维护成本	SBA 架构，水平组网，免人工规划，可由 NRF 统一管理分配	非 SBA 架构，某些业务需要根据通信对端信息，进行点对点配置，数据需要人工规划
灵活注册和发现	NF 启动后仅向 NRF 自动注册，即可实现为网络可知可用	4G 网元为网络可用，需在 DNS 或 DRA 上增加记录，而 DNS/DRA 只有静态配置模式，没有自动接口能力，无法实现自发现
自优化	NRF 可实时感知各 NF 负荷及状态，并动态调整	DNS/DRA 仅支持静态配置，不支持各网元动态信息获取及调整

4. SBA 可靠性设计

传统的网络设备是部署在专用硬件上的软硬件一体化的设备，这种一体化的设备通常在软件和硬件设计时会考虑可靠性，以便该一体化的设备整体能满足电信级的可靠性要求。5G 网络功能是部署在通用硬件上的，通用硬件不是为电信运营商设计的，其通常不能满足电信级的需求。为了支持 5G 网络功能的电信级高可靠性，在 5G 网络架构设计时就应考虑网络功能/服务的可靠性。

在 IT 的 SOA/微服务架构中，通常采用服务族(Cluster)来提升服务的可靠性，即部署一组具有相同功能的服务实例来提供服务。当其中一个服务实例故障时，服务族中的其他服务实例可替换该故障实例来提供服务。

类似地，在 3GPP 中，网络功能的可靠性是通过部署多套相同的 5G 网络功能实例来实现的。这些功能相同的 5G 网络功能组成一个网络功能集合(即 NF Set)。网络功能集合包括多个功能相同的网络功能实例。这组网络功能实例共享上下文，以便当其中一个网络功能实例故障时，该网络功能集合中的另一个网络功能实例可接替故障的网络功能实例，从而避免网络功能实例故障对网络造成影响，实现网络功能的高可靠性。为了防止数据中心的整体故障或者连接数据中心的链路整体故障，网络功能集合中的网络功能实例需要进行跨地域部署，即部署在不同地域的数据中心，上下文也要进行异地备份，以便支持异地容灾备份。

如图 2.6 所示，在一种网络功能集合的示例中，网络功能实例间的上下文通过数据存储功能共享。当 NF Set 跨数据中心部署时，数据存储功能也是跨数据中心部署的。此时，上下文应进行异地备份，即在两个数据中心分别保存一份该上下文的拷贝。除上述实现方式外，上下文也可以备份到备份网络功能实例中，此时，可以不需要额外的数据存储功能。

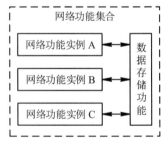

图 2.6   网络功能集合示例

在进行网络功能实例的选择时，可以考虑网络功能集合中的每个网络功能实例的容量和负荷等信息，将负荷平均分布到网络功能集合中的各个网络功能实例上，从而实现网络功能集合中的各网络功能实例的负载均衡。

除了负载均衡，还需要考虑网络功能实例的故障处理。故障的处理体现在两个方面：一方面是网络功能实例的选择，即在选择网络功能实例时不选择故障的网络功能实例；另一方面，由于移动通信对时延有较高的要求，因此，在实现时，网络功能实例可能会缓存一些上下文信息，这将导致网络功能实例不是完全无状态的。在完全无状态设计中，每个事务都可以从网络功能集合中任意选择一个网络功能实例来提供服务。但是，在移动通信的网络功能实现时，为了降低时延，通常希望在网络功能无故障的情况下，始终由同一个网络功能为同一个终端/会话提供服务，这样，网络功能不需要在每次处理该终端/会话的相关事务时重新获取上下文，可以起到降低处理时延的作用。但是，这样会使得网络功能有状态，由此引入了网络功能的故障处理问题，即当前为该终端/会话服务的网络功能出现故障时该怎么办？

为了解决正在为终端/会话提供服务的网络功能实例发生故障的问题，3GPP 标准制定了故障处理机制。当终端当前接入的 AMF/SMF 网络功能实例等故障时，网络为这个终端在集合中选择另一个正常的网络功能实例为其提供服务，从而保证网络功能实例故障时终端业务不受影响，实现 5G 核心网的高可靠性和可用性。

5. SBA 总结

5G 服务化架构借鉴了 IT 系统和互联网界的先进软件架构和开发理念，对一体化的 5G 控制面功能进行了重构，定义了一系列互相解耦的 5G 网络功能。并且在每个 5G 网络功能内部定义了一系列解耦的服务。5G 控制面网络功能和服务互相解耦，可独立部署和升级。这样的架构不仅加快了 5G 网络功能的迭代速度，满足日新月异的行业需求，也使得运营商可以方便地对网络功能进行裁剪和定制，满足垂直行业多样的业务需求。

基于服务化架构的 5G 控制面网络功能(如 AMF、SMF 等)适合集中部署，以便集中管理和配置。基于 NF Set 机制，可以保证大区制集中化部署下网络功能的可靠性。采用 NFV 技术，可以很方便地在集中部署的虚拟化平台上部署 5G 控制面网络功能。

2.1.4　控制面和用户面分离(CUPS)

1. 背景和驱动力

这里以 Google 的 SDN WAN 网络架构(见图 2.7)为例，解释为什么控制面要和用户面进

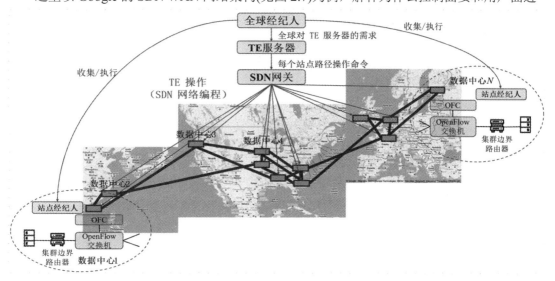

图 2.7　Google 的 SDN WAN 架构

行分离。Google 建立这个网络的原因是 Google 发现自己的网络利用率很低，只有 30%左右，其原因是路由计算时采用的是传统的路由算法。为了提高数据路由的效率，从而提高网络的利用率，Google 决定采用创新的方案。接下来我们先来回顾一下传统互联网的历史。

互联网诞生之初是在冷战时期，美军为了防止苏联袭击，通过网络将美国的东海岸和西海岸连接起来，传递两边的信息，这种思路是基于硬件的不可靠性，于是路由算法的基础就是在硬件不可靠的情况下，将数据包路由到目的地而涉及的算法。当时算法设计的时候，没有考虑数据拥塞的情况下提高网络效率的场景。而这套路由算法到了现在，在 Google 的商用网络中，不能适应网络利用率提高的需求。传统的路由算法是基于单节点的计算，每个节点获取的信息只有邻居节点的信息，没有全网的信息，根本不知道网络的负载情况和网络的拥塞情况，所以路由的决策无法做到对全网最优。因此在传统网络的控制和数据面不分离的情况下，数据面的路由是无法做到非常高效的，导致网络利用率非常低。

为了改变这种情况，Google 建立了一个网络的集中控制层，实现了控制功能和转发功能的分离。通过控制层能够看到整个网络的拓扑，知道整个网络的拥塞情况，从而能够进行联合调度，如图 2.8 所示。通过引入集中的控制层，Google 的网络利用率可从 30%提升到 95%，网络故障从以前的 9 s 降低到 1 s。通过将网络中的控制层和承载层进行分离，Google 得到了实实在在的好处。

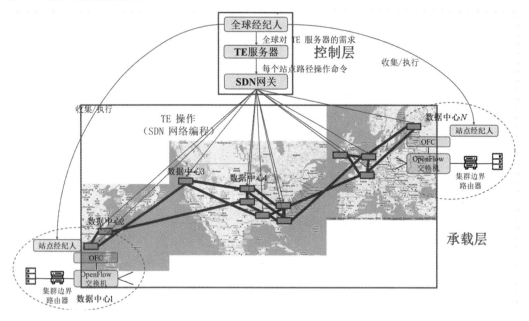

图 2.8   Google 的 SDN WAN 架构中控制和承载分离示意图

在电信领域，通信网络也一直走在控制和承载分离的道路上，最早的程控交换网络中的七号信令，从随路信令演进到共路信令，其实就是控制和承载分离。后来的软交换下一代网络(Next Generation Network，NGN)系统，把控制交换部分分离出去，网络就近在网关进行交换，可以节省大量的传输资源。

在早期的 2G 系统的手机上网中，没有考虑控制和承载分离的问题，用户面和控制面都需要穿过基站、基站控制器、SGSN 和 GGSN。无线上网速率比较慢的原因，一方面是无线带宽比较低，另一方面是数据需要穿过很多跳，如图 2.9 所示。

进入 3G 时代，随着流量变大，如果把数据面穿过像 2G 网络中一样的多节点，效率将非常低下。为此，3G 网络架构把数据面和控制面做了分离，数据不用通过 SGSN，直接从 RNC 路由到 GGSN 上，数据的跳数减少到 3 跳，这样上网的响应速度相比 2G 网络相应得到了比较大的提升，如图 2.10 所示。

但是 3G 网络架构中的 RNC 中，控制和承载还是融合在一起的。所以，在 4G 中做了进一步分离，数据包从基站 eNB 直接路由到网关 GW，数据路由缩减到 2 跳，从基站出来控制面达到 MME，数据面达到网关 GW，如图 2.11 所示。

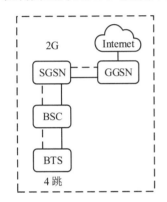 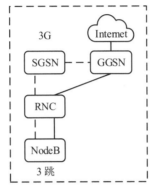 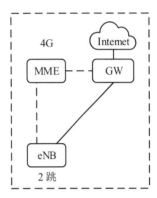

图 2.9　2G 网络数据流示意图　图 2.10　3G 网络数据流示意图　图 2.11　4G 网络数据流示意图

在 5G 时代，基于 SBA 架构对核心网进行了重构。传统网关需要具备 S-GW、P-GW 的功能，这导致接口非常复杂。在 SBA 架构中，需要对网关的功能进行进一步简化。于是，GW 同控制面的多个网元进行通信和互联，形成控制和承载完全分离的架构，如图 2.12 所示。

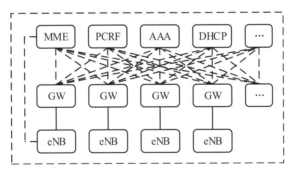

图 2.12　5G 网络数据流示意图

2. C/U 分离的独特价值

5G 网络将网关的 C 面(控制面)和 U 面(用户面)进行分离，并伴随内容源和 CDN 节点的下移，将用户面一起下移部署，一方面可以降低业务的时延；另一方面，网关下沉可以为运营商节省宝贵的骨干传输资源。

CUPS 架构给电信业的发展带来了很多好处，如带来了灵活的部署位置，灵活的路由策略，解决了运营商传统的运维困难等问题，实现架构平滑演进，从而提升了用户的业务体验感，如图 2.13 所示。

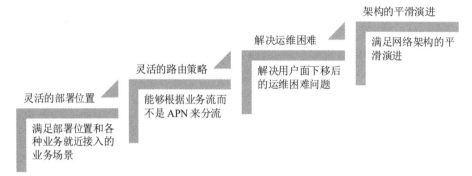

图 2.13　CUPS 架构的好处

1) 灵活的部署位置

提升用户的业务体验感是运营商吸引客户、留住客户、提升品牌价值的有效手段。从网络侧来看,端到端的业务访问时延越小,则业务体验越好。因此运营商可以在边缘部署相应设备,以满足用户的就近接入与快速处理要求。典型业务有智能驾驶和 CDN(Content Delivery Network,内容分发网络)业务,如图 2.14 所示。

(1) 智能驾驶:智能网关部署在道路两旁,一些车辆的运行数据可以依靠道路两旁的智能网关进行处理。

(2) CDN 业务:智能网关随 CDN 节点一起下沉部署到企业,用户可以直接访问本地的 CDN,快速获取视频等业务。这种部署方式中,业务数据都不经过骨干网,从而大量节省了骨干网的传输资源,缓解了骨干网的拥塞状况,降低了传输成本;并且还缩短了传输路径,降低了业务时延。例如,某局点实测结果显示,视频业务的时延减少了 10～15 ms,vMOS 值(用于衡量视频质量的指标,通常在 1 到 5 之间,1 表示质量最差,5 表示质量最优)可以提升 0.1～0.2。因此可以得出,把业务服务器尽可能地下移部署到靠近用户的位置,就可以缩短用户访问业务的时延,从而提升用户的业务体验。

图 2.14　智能驾驶和 CDN 业务

当前主流运营商部署的 CDN 节点已经下移,且数量上是网关数量的数倍,并且部署的位置也比网关的位置更低。如果让移动用户也能够就近访问业务服务器,则需要求网关用户面的部署也要跟随下移。因此，网关用户面和内容服务器的同步下移部署已经是一种趋势，可以缩短用户访问业务的端到端的时延，从而快速而有效地提升用户业务体验。

2) 灵活的路由策略

借助于 SDN，可以进行路由的动态计算，从而达到高效转发的目的，能够根据业务流而不是接入点名称(Access Point Name，APN)来进行分流。

3) 解决运维困难

如果控制面与用户面不分离，当用户面下移至边缘后，运维就需要跟随下降到贴近用户的位置进行，从而严重降低了运维的成本和效率。在采用 CUPS 且保持信令的集中控制的情况下，仍可以达到集中运维的目的。

4) 架构平滑演进

5G 中已经将控制面与用户面的分离架构写入标准架构，5G 中的 UPF 融合了 4G S-GW 和 P-GW 的用户面功能，SMF 融合了 4G S-GW 和 P-GW 的控制面功能，这样 4G 网络可以平滑地演进到 5G 网络，并且形成 4G/5G 融合网络。在业务需求快速增长，要求网络做到低时延、高带宽、多连接的强烈诉求下，将控制面与用户面进行分离已是大势所趋。

2.2　5G 网络功能介绍

在 2.1.3 小节中已经介绍了 5G 核心网控制面服务化架构设计，本节对 5G 涉及的各网络功能展开描述。

2.2.1　接入和移动性管理功能(AMF)

AMF，即接入和移动性管理功能，在 5G 网络中的位置和周边接口如图 2.15 所示。通过注册、服务请求、切换、AN 释放、去注册等流程来控制 UE 在 5G 网络中的接入，以及跟踪 UE 当前的位置信息(TA/TA List 等信息)，并保证 UE 业务的连续性。

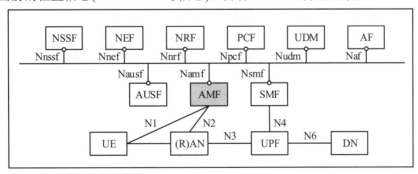

图 2.15　AMF 在 5G 网络中的位置和周边接口

AMF 包含的功能如下：

(1) 注册管理：包括连接管理、可达性管理、移动性管理、接入鉴权和接入授权。

(2) 合法监听。

(3) 转发 UE 和 SMF 间的 SM 消息。

(4) 转发 UE 和 SMF 间的短消息服务(Short Message Service,SMS)消息。

2.2.2 会话管理功能(SMF)

SMF,即会话管理功能,在 5G 网络中的位置和周边接口如图 2.16 所示。SMF 是 5G 核心网服务化架构中一个关键的控制面网元。顾名思义,SMF 主要负责会话管理,即隧道维护、IP 地址分配和管理、UP 功能选择、策略实施和 QoS 中的控制、计费数据采集、漫游等。与 AMF 类似,在用户会话建立、进行、更新和去话的过程中,SMF 起到了类似"管家"的作用。

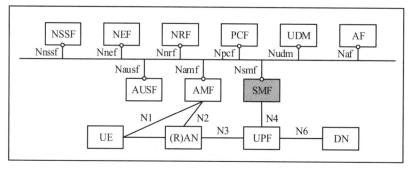

图 2.16   SMF 在 5G 网络中的位置和周边接口

SMF 具体包含的功能如下:

(1) 会话管理:UE IP 地址分配和管理,选择和控制 UPF,配置 UPF 的流量定向并将其转发至合适的目的网络。

(2) 策略控制和 QoS。

(3) 合法监听。

(4) 计费数据记录(Charging Data Record,CDR)搜集。

(5) 下行数据通知(Downlink Data Notification)。

2.2.3 用户面功能(UPF)

UPF,即用户面功能,在 5G 网络中的位置和周边接口如图 2.17 所示。UPF 指的是 5G 核心网的用户面,承载数据流量,负责在无线接入网和 Internet 之间转发流量、报告流量使用情况、实施 QoS 策略等。

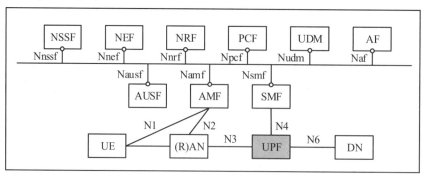

图 2.17   UPF 在 5G 网络中的位置和周边接口

UPF 相当于 4G 网络中的 SGW-U 和 PGW-U。在 5G 网络中，应用 CUPS 架构，将核心网的 C 面和 U 面彻底分离，U 面功能由 UPF 独立担当，用户面功能实现去中心化。

当用户面网关功能独立出来后，便可根据业务场景需要为其选择部署位置，实现分布式部署，既可以部署于中心数据中心(Data Center，DC)，又可以部署于本地 DC，甚至可以部署在更靠近用户的边缘 DC 上。这取决于垂直行业对网络的要求，如时延、带宽、可靠性等。譬如在低时延场景 (如自动驾驶) 中，UPF 需要更靠近用户，部署在边缘位置，实现下沉式部署。

UPF 包含的功能如下：

(1) 数据面锚点。

(2) 连接数据网络的 PDU 会话点。

(3) 路由和转发报文：报文解析和策略执行。

(4) 合法监听。

2.2.4　统一数据管理(UDM)

UDM，即统一数据管理，在 5G 网络中的位置和周边接口如图 2.18 所示。UDM 具有 3GPP 标准定义的 N8 接口和 N10 接口定义的业务处理功能。它存储用户的签约数据、注册信息等，主要进行 5G 用户数据管理。

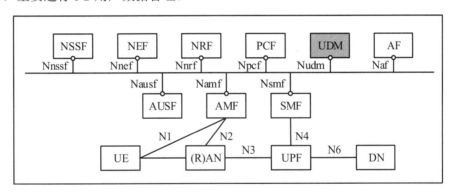

图 2.18　UDM 在 5G 网络中的位置和周边接口

UDM 包含以下功能：

(1) 签约数据管理。

(2) 用户服务 NF 注册管理。

(3) 产生 3GPP 认证和密钥协商(Authentication and Key Agreement，AKA)鉴权参数，基于签约数据的接入授权(e.g. 漫游限制)。

(4) 保证业务/会话连续性。

2.2.5　鉴权服务功能(AUSF)

AUSF，即鉴权服务功能，在 5G 网络中的位置和周边接口如图 2.19 所示。AUSF 具有 3GPP 标准定义的 N12 接口的业务处理功能，用于接收信令消息并进行对应的鉴权处理。AUSF 支持 5G-AKA 和 5G EAP-AKA 两种 5G 鉴权方式。

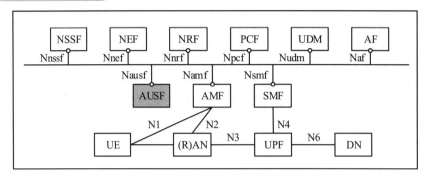

图 2.19   AUSF 在 5G 网络中的位置和周边接口

2.2.6   策略控制功能(PCF)

PCF，即策略控制功能，在 5G 网络中的位置和周边接口如图 2.20 所示。PCF 定位于面向未来 5G 网络下的统一、开放策略控制中心，实现业务灵活编排快速上线，从而缩短产品上市周期(Time To Market，TTM)，为用户提供更加及时、丰富的数据和语音业务体验。

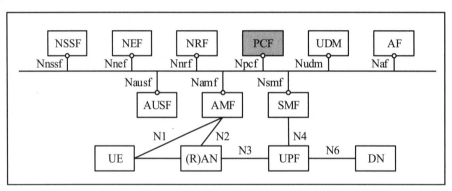

图 2.20   PCF 在 5G 网络中的位置和周边接口

PCF 作为 5G 核心网中的策略控制中心，助力运营商实现流量的精细化运营，实现经营策略的转型，主要体现在以下几个方面：

(1) 支持统一策略管理网络行为。

(2) 提供策略规则给控制面功能，由其执行。

(3) 从 UDR 获取签约相关信息以便做策略决策。

2.2.7   网络能力开放功能(NEF)

NEF，即网络能力开放功能，在 5G 网络中的位置和周边接口如图 2.21 所示。NEF 主要负责 5G 网络中的网络能力对外开放，包括：事件监控能力开放(用于监控 5G 系统中 UE 的特定事件，并通过 NEF 使此类监控事件信息可提供给外部)；Provision 能力开放(用于允许外部方提供可用于 5G 系统中 UE 的信息，比如时间同步配置、调度配置等)；策略/计费能力开放(用于根据外部方的请求为 UE 处理 QoS 和计费策略)；分析能力开放(用于允许外部获取或订阅/取消订阅 5G 网络生成的分析信息)等。

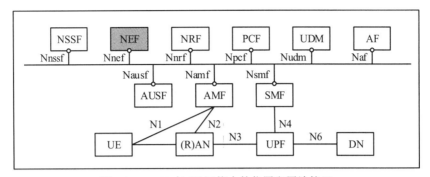

图 2.21　NEF 在 5G 网络中的位置和周边接口

NEF 主要包含如下功能：

(1) 向应用功能(Application Function，AF)、第三方、边缘计算提供 3GPP 网络的能力和事件。

(2) 从 AF 获取外部应用信息以便提供给 3GPP 网络。

(3) 提供内部信息与外部信息的翻译功能。

(4) 将用于向外部开放的信息存储在 UDR 中。

2.2.8　网络切片选择功能(NSSF)

NSSF，即网络切片选择功能，在 5G 网络中的位置和周边接口如图 2.22 所示。网络切片是基于 5G 网络从接入网、传输网和核心网的端到端网络，按业务的需求实现资源的灵活分配，以及网络能力按需求组合。网络切片是基于 SDN 和 NFV 技术，从一个 5G 网络虚拟出多个具备不同功能特性的逻辑子网。每个网络切片由接入网、传输网和核心网的子切片组成，并通过网络切片管理功能实现统一的管理。在核心网中，主要由 NSSF 来提供切片相关的能力。

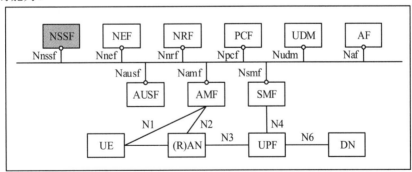

图 2.22　NSSF 在 5G 网络中的位置和周边接口

NSSF 主要包含以下功能：

(1) 选择服务 UE 的一组网络切片实例。

(2) 确定允许的网络切片选择协助信息(Network Slice Selection Assistance Information，NSSAI)，并且如果需要的话，将其映射到签约的单个 NSSAI (Single NSSAI，S-NSSAI)。

(3) 确定配置的 NSSAI，并且如果需要的话，将其映射到签约的 S-NSSAI。

(4) 确定用于服务 UE 的 AMF 集合,或者可能基于配置通过查询 NRF 来确定候选 AMF

的列表。

2.2.9 网络存储功能(NRF)

NRF,即网络存储功能,在 5G 网络中的位置和周边接口如图 2.23 所示。NRF 是 5G 引入 SBA 新增的 NF,负责所有 NFS 的自动化管理,包括注册、发现、状态检测等。NF 开工后会主动向 NRF 上报自身的 NFS 信息,并通过 NRF 来找到对应的对端 NFS。

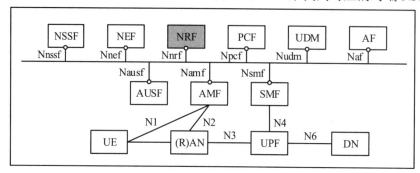

图 2.23 NRF 在 5G 网络中的位置和周边接口

NRF 主要包含以下功能:

(1) 支持服务和网络功能发现功能。

(2) 维护网络功能信息,包括可用性及其支持服务。

本 章 小 结

本章介绍了 4G 和 5G 网络架构,描述了 5G 核心网控制面服务化架构(SBA)的组成和设计思路,以及控制面和用户面分离的基本概念;重点阐述了 5G 的网络功能,包括 AMF、SMF、AUSF、UDM、PCF、NRF、NEF、NSSF 和 UPF 等。通过本章的学习,可以掌握 5G 网络整体架构及其核心网与 4G 的差异,从而更好地理解 5G 网络的优越性。

第 3 章 5G 移动性管理

3.1 概 述

移动性管理是移动网络的一项基本功能,用于保证 UE 在移动的情况下也能享受无中断的服务。具体而言,移动性管理需要实现如下目标:

(1) 网络可以支持用户发现过程,例如向用户发送短消息、语音呼叫等;

(2) 用户可以通过移动网络发起与其他用户或服务的通信,例如语音传呼或访问网络服务等;

(3) 当用户在不同的无线电接入技术(Radio Access Technology,RAT)之间或之内发生移动时,可以通过移动性管理流程来保障业务连续性和会话连续性。

移动性管理流程通过在 UE 和网络之间建立和维护连通性来提供上述功能。移动性管理的主要内容包括:管理 UE 的注册和连接状态,设计不同连接、注册状态之间的转换流程,以及针对处于不同连接模式的 UE 触发其在位置发生移动时完成位置更新。

3.1.1 移动性管理流程

在移动通信系统中,用户终端或者移动设备总是处于不断移动的状态,核心网络需要根据用户的业务进行情况来转换 UE 的状态,并保证在 UE 移动的时候,能够获取 UE 位置信息、保证数据传输的连续性,这些都需要通过移动性管理流程来实现。移动性管理流程如表 3.1 所示。

表 3.1 移动性管理流程

移动性管理流程		流程作用
注册	初始化注册	UE 成功接入网络
	移动性注册更新	网络更新 UE 的 TA(跟踪区)及相关参数
	周期性注册更新	UE 完成周期性位置更新
接入网释放(AN Release)		UE 进入空闲态
服务请求		UE 进入连接态
切换		连接态 UE 成功切换到新小区
去注册		网络中 UE 位置信息被删除

3.1.2　用户标识

网络对 UE 进行移动性管理时，必然涉及 UE 的身份标识。在 5G 网络中所使用到的身份标识包括：

(1) 用户永久标识(Subscription Permanent Identifier，SUPI)：全球唯一，全网都根据此标识来识别用户。为了与 EPC 通用，3GPP 接入时使用国际移动用户标识(International Mobile Subscriber Identity，IMSI)，Non-3GPP 接入时使用网络访问标识(Network Access Identifier，NAI)。

(2) 永久设备标识(Permanent Equipment Identifier，PEI)：全球唯一，5G 网络中用 PEI 唯一标识一个设备。

(3) 5G 全球唯一临时标识(5G Globally Unique Temporary Identifier，5G-GUTI)：由核心网分配，用来避免在网络上传输用户永久标识，防止攻击者跟踪用户的位置及活动状况。

此外，5G 协议针对 UE 身份安全进行了优化，UE 与核心网之间不再直接传递 SUPI，而是使用加密后的 SUPI，即签约隐藏标识(Subscription Concealed Identifier，SUCI)。AMF 在安全流程之后可以获取 SUPI。另外，5G 网络因为网络切片的引入，UE 临时标识的格式发生了变化，当 UE 在 5GS 和 E-UTRAN 之间移动时，需要按照如图 3.1 所示的映射关系将 5G-GUTI 映射成 4G-GUTI，或者将 4G-GUTI 映射成 5G-GUTI，在相应的消息中带给 AMF 或 MME。

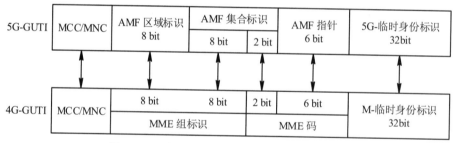

图 3.1　5G 临时标识与 4G 临时标识格式映射

5G UE 临时标识中引入了 AMF Set(集合)的概念，一个 AMF 集合由一些为给定区域和网络切片服务的 AMF 组成。每个 AMF Region(区域)由一个或多个 AMF 集合构成。5G 引入网络切片的概念后，将一个区域下的 AMF 按照对网络切片的支持能力划分为不同的集合，一个集合内的 AMF 对网络切片的支持能力完全相同(相当于 4G 的一个 MME Pool)。

3.2　注册与连接状态管理

3.2.1　注册状态

注册状态即终端和 AMF 所保存的用户注册状态信息，可简单理解为终端是否在网络侧完成注册并保留相应的注册上下文，从而使得终端与网络侧处于可以互相发现的状态。去注册状态的终端可以通过执行注册流程迁移至注册状态。此时，AMF 将为 UE 执行鉴权流程并保存 UE 上下文至 UDM，UE 上下文中包括 UE 当前接入类型、终端所支持的语音能力(如 SRVCC、Voice over PS 等)，以及当前所在 AMF 信息等。当 UE 完成注册流程并进入注册状态后，则建立了 UE 和 AMF 之间的非接入层(Non Access Stratum，NAS)信令连接，可进一步通过该 NAS 信令连接向 5GC 发起其他业务请求，如 PDU 会话建立，以建立目标业务所对应的用户面链路。

当 UE 和 AMF 处在 RM-Deregistered(RM-去注册)时：

(1) UE 没有注册到网络，AMF 虽有可能保存一些 UE 上下文以便下次鉴权，但是没有 UE 的路由和位置信息；

(2) UE 选择 PLMN 发起注册流程，若 AMF 接受注册流程，则 UE 和 AMF 变为 RM-Registered(RM-注册)状态；

(3) AMF 可以选择拒绝 UE 的注册请求，维持当前状态。

当 UE 和 AMF 处在 RM-Registered 时，如图 3.2、图 3.3 所示，UE 可以执行以下功能：

(1) 周期性注册更新程序通知网络 UE 仍是活动状态；

(2) 移动性注册更新程序更新 UE 的位置；

(3) 注册更新程序更新 UE 的能力信息或者和网络重新协商协议参数；

(4) 去注册程序。

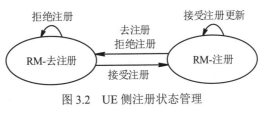

图 3.2　UE 侧注册状态管理

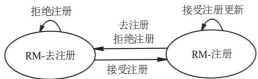

图 3.3　AMF 侧注册状态管理

UE 的不同接入有不同的注册管理上下文。AMF 给 UE 分配的注册管理上下文包括：

(1) 一个在 3GPP 和 Non-3GPP 之间共用的临时身份标识，该临时身份标识全球唯一；

(2) 每种接入类型(3GPP/Non-3GPP)有各自的注册状态；

(3) 每种接入类型的注册区 (Registration Area，RA)；

(4) 3GPP 接入类型的周期性注册计时器，Non-3GPP 不需要周期性注册；

(5) Non-3GPP 的隐式去注册定时器；

(6) 在同一公共陆地移动网(Public Land Mobile Network，PLMN)或者对等 PLMN (Equivalent PLMN)中，后续注册的接入侧继续使用前一接入侧使用的临时标识。

3.2.2　连接状态

连接状态主要用于管理终端和网络侧之间的信令连接状态，主要可分为 CM-Idle(CM-空闲)和 CM-Connected(CM-连接)两种状态。当终端没有发起业务时，出于节省资源与降低功耗的目的，终端可进入类似"睡眠"的模式，即空闲态(CM-Idle状态)。此时，终端与基站之间的信令连接会被释放，终端通过监听广播信道来观察自己是否被寻呼，待需要的时候再建立与基站之间的连接。当终端发起业务或进行其他需要信令交互的流程时，终端则处于"工作"模式，即连接态(CM-Connected状态)，此时终端与基站之间的信令连接存在。

当UE/AMF处在CM-Connected时：

(1) UE与AMF之间有NAS信令连接，存在N2、N3连接；

(2) UE在AMF可达的位置信息为Cell或基站信息；

(3) 可以直接进行上下行数据业务和信令流程。

当UE/AMF处在CM-Idle时：

(1) UE与AMF没有NAS信令连接，没有AN、N2、N3连接；

(2) UE在AMF可达的位置信息粒度为注册区域(TA List)；

(3) 当UE需要进行业务时，需要先执行Service Request流程，进入CM-Connected状态，如图3.4所示；

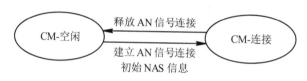

图3.4   UE侧连接状态管理

(4) 当AMF有需要发往UE的数据时，通过执行由网络侧触发的Service Request流程，在注册区域内向UE发起寻呼请求，如图3.5所示。

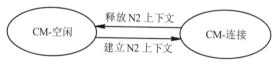

图3.5   AMF侧连接状态管理

为了降低空闲模式下UE由于位置移动所带来的信令开销以及提高网络侧寻呼UE的效率，小区被分组为跟踪区(Tracking Area，TA)粒度，并且网络侧可以将一个或多个跟踪区分配给UE作为RA。RA可作为网络搜索UE以及UE上报其位置更新的基础。基站在每个小区中广播其所属的TA标识，UE基于该TA标识与其所收到的RA中的一个或多个TA进行比较。若当前所收到的广播的TA不是其RA的一部分，则UE会向网络侧启动移动性注册更新流程，以通知UE当前所处的位置区信息。

此外，UE从Idle态转变成Connected态时需要UE发起AN/NAS信令连接建立流程(例如服务请求流程或者移动性注册更新流程)，这一过程会消耗较多的信令。为了能快速恢复连接的同时又能兼顾省电的需求，3GPP标准引入了RRC Inactive(非激活)态的概念。在RRC Inactive状态下，UE和AN之间为RRC Inactive状态，AN和Core之间为CM-Connected状态。

在RRC Inactive状态下，UE的核心网状态是连接态，但是RRC连接释放，RAN保留UE上下文。RAN给UE配置RAN寻呼区域(RAN Paging Area)和周期性更新定时器(Timer)，UE根据RNA或Timer执行RAN Area Update。在该状态下，UE可接收RAN所发送的寻呼(Paging)请求。

NG-RAN 根据从核心网收到的"RRC Inactive Assistance Information"，决定是否将 UE 的状态变成 RRC Inactive，如图 3.6 所示。

图 3.6　RRC Inactive 状态管理

3.3　移动性管理机制

3.3.1　移动性限制

网络的移动性管理既要保证 UE 可达和数据传输连续，又要防止 UE 接入某些受限区域或者请求不该使用的服务。移动性限制就是指 UE 的接入访问受限、移动受限等，移动性限制适用于 3GPP 接入场景，对于 Non-3GPP 接入场景则不适用。

4G 中移动性限制通过一些可选特性实现，5G 协议中则明确定义了移动性限制有 RAT 限制(RAT Restriction)、核心网类型限制(Core Network Type Restriction)、禁止区(Forbidden Area)、服务区限制(Service Area Restriction)四种，如表 3.2 所示。

(1) RAT 限制：定义了 UE 不能接入的 RAT 类型。

(2) 核心网类型限制：定义了 UE 不能接入的核心网类型，例如 5GC。

(3) 禁止区：在该区域禁止 UE 的接入，UE 不能发任何消息给网络。

(4) 服务区限制：分为 Allowed Area 和 Non-Allowed Area。UE 在 Allowed Area 下可正常接入网络，在 Non Allowed Area 下可以发起周期性更新、注册请求，但不能发起服务请求和任何会话相关信令。一个服务区限制会包含一个或多个完整的 TA。

表 3.2　移动性限制类型

限制类型	作用域	说　　　明
RAT 限制	基站	(1) 来自用户 UDM 签约，表示限制的 3GPP 内的无线接入方式，比如只允许 NR 接入，禁止 E-UTRAN 接入。类似 2/3/4G 签约中的接入限制数据(Access Restriction Data，ARD)。 (2) 核心网会把 RAT 限制信息发给基站，基站在发起切换流程时可基于该信息判断是否允许用户切到目标 RAT
核心网类型限制	核心网	(1) 来自用户 UDM 签约，表示是否限制用户接入 5GC 或 EPC，或者都限制。 (2) 已经定义了 RAT 限制信息，为何还需要定义核心网限制？比如 E-UTRAN 限制了，不就等同于限制了 EPC 吗？这是因为引入 NSA 组网后，无线 RAT 类型和核心网类型就不是一一对应关系了，即无线接入技术是 E-UTRAN，但核心网可能是 5GC；反之亦然。 (3) 核心网限制信息的作用范围仅限于核心网，核心网不会将其下发给 UE 或者基站

续表

限制类型	作用域	说 明
禁止区	UE + 基站	(1) 用户的 UDM 签约数据中可能包含禁止区域,但是 AMF 不会把禁止区列表下发给 UE,而是由 UE 根据网络返回的原因值自己本地生成禁止区列表,即 UE 本地维护了"5GS forbidden tracking areas for roaming"和"5GS forbidden tracking areas for regional provision of service"两个禁止区列表。 (2) UE 在某 TA 内发起注册、去注册或者服务请求流程,收到核心网的拒绝消息,并且原因值为: #12 "tracking area not allowed"; #13 "roaming not allowed in this tracking area"; #15 "no suitable cells in tracking area"。 UE 就会将当前所驻留小区的 TA 添加到上述禁止区列表中(具体来讲,如果是#12,则填到"5GS forbidden tracking areas for regional provision of service"列表;如果#13 或#15,则填到"5GS forbidden tracking areas for roaming"列表)。 (3) 按照协议描述,UE 管理的禁止区中的 TA 数量在 40 个以上;当列表占满时,以新代旧。 (4) 当 UE 开关机、插拔 USIM 卡,或者 UE 侧相关定时器超时(一般在 12~24 小时超时一次)时,禁止区会被擦除掉。禁止区被擦除后,UE 会再次发起小区选择,进而再发起到核心网的注册流程。 (5) 核心网会将禁止区列表下发给基站,基站用于切换场景下的目标小区筛选
服务区限制	UE + 基站 + 核心网	(1) 所谓服务区域限制,是对 5G 终端数据业务的一种控制手段,用以控制 5G 终端可发起普通数据业务的区域范围。比如用户购买了 CPE 设备,签约的套餐只能在其所住的行政村使用;如果用户带着设备离开了该村或去了其他地方,就无法使用,通过服务区限制就能够实现此功能。 (2) 服务区限制分为业务允许区域(Allowed Area, AA)和业务非允许区域(Non-Allowed Area, NAA)两种形式,但同时只能使用其中的一种。不论是业务允许区域还是非允许区域,其基本的组成单元都是 TA。 (3) 服务区限制由 UE、5G-AN 以及 5G 核心网配合完成。如果 UE 已经获取了服务区限制信息,那么该 UE 能主动识别在当前区域的业务可行性;如果 UE 尚未获取限制业务区域信息,或者限制业务区域信息发生了变化但 UE 未及时感知,这种情况下就需要网络(AMF)识别是否限制 UE 的业务

3.3.2 移动性模式

移动性模式包括 UE 能力、UE 移动性、移动速度类别和业务特性等与 UE 移动性管理相关的参数。

　　移动性模式是一个可以被 5G 核心网用来刻画并优化 UE 移动性的概念。5G 核心网根据 UE 的签约信息、UE 的移动性统计数据、网络策略、UE 提供的辅助信息，或以上信息的某种组合，制定并更新 UE 的移动性模式。

　　移动性模式可以被 AMF 用来优化对 UE 的移动性管理，如生成注册区域。此外，AMF 还可根据移动性模式确定给 RAN 发送的辅助 RAN 优化 RRC 状态和 CM 状态的辅助信息、辅助 RAN 优化寻呼区域。

3.3.3　UE 的可达性管理

　　可达性管理指的是网络侧对 UE 可达性的感知能力。当 UE 处于空闲状态时，由于 UE 在 RA 内的移动不会触发网络侧的信令流程，因此网络侧无法获知 UE 的确切位置。此时，可以通过在 RA 内对 UE 进行寻呼和对 UE 进行位置跟踪来实现可达性管理。当 UE 处于连接状态时，UE 与 AMF 之间存在信令连接，AMF 可通过所保存的为 UE 提供连接的接入网节点信息获知 UE 的实时位置信息，即 AMF 可以实时感知 UE 的可达性。

　　可达性需要从时间和空间两个维度进行管理。从空间角度而言，网络通过注册区管理处于空闲态的 UE 的活动范围。在此范围内，UE 可以自由移动而无须因为可达性管理触发与网络侧的交互。仅当移出该注册区范围时，UE 才需要通过移动性注册更新流程来告知网络其更新位置及可达性，并从网络侧接收更新的注册区范围。从时间角度而言，网络通过周期性注册定时器管理处于空闲态的 UE，当对应的定时器到期时，UE 需要通过周期性注册更新流程来告知网络其仍可达。

　　注册区可以理解为由一个或多个 TA 组成，一个 TA 则对应一个或多个小区所组成的位置列表。周期性注册定时器指的是 UE 需要周期性地执行注册流程的定时器(Periodic Registration Update Timer，PRUT)，用于进入空闲态的 UE 触发周期性注册更新流程。当周期性注册定时器超时时，若 UE 位于网络覆盖范围外，则需要在下一次返回覆盖范围时执行注册流程。

　　此外，AMF 侧也会维护一个移动可达定时器(Mobile Reachable Timer，MRT)，其时长略大于分配给 UE 的周期性注册定时器的值。若该定时器超时时仍未收到来自 UE 的注册请求，则 AMF 可判断该 UE 处于不可达状态。此时，由于 AMF 无法预测 UE 是否只是暂时不可达的，不会立即发起去注册流程，删除 UE 上下文，而是选择清除寻呼过程标记(Paging Proceed Flag，PPF，即标识 UE 不可达，从而不触发对 UE 的寻呼)，并启动隐式去注册定时器(Implicit De-registration Timer，IDT)。若 AMF 在该定时器超时前收到了 UE 所发起的注册流程，则可停止该定时器并将 PPF 指示置位。若 AMF 在该定时器超时前仍未收到 UE 所发起的注册流程，则将为该 UE 发起隐式去注册流程。

　　从上面的介绍可以看出，对于连接态的 UE 而言，网络侧可以准确获知其位置信息。但是当 UE 发生移动时，需要触发切换流程或将 UE 的位置上报流程，这一过程将导致额外的信令开销。而当 UE 处于空闲态时，在发起任何业务前都需要通过服务请求流程、周期性/移动性注册更新流程等恢复与网络侧的信令连接。总的来说，UE 状态的维护成本随着可达性管理的精细程度的增加而增加，如何基于 UE 能力、移动性模式、业务特征等诸多因素确定一个平衡点，以降低对信令负荷及终端设备的需求，成为研究的重点。

当 UE 处于 RRC Inactive 状态时,标准定义了用于 NG-RAN 管理的 RAN 寻呼区域,RNA 可以由小区、TA 或者 RAN 节点组成。NG-RAN 以 RNA 的粒度感知 RRC Inactive 状态的 UE 的位置。当有下行数据发送至 NG-RAN 时,其将在该 RNA 的范围内进行寻呼。当处于 RRC Inactive 状态的 UE 进入一个不属于 RNA 的小区时,UE 将触发 RNG 的更新流程,这样 NG-RAN 就可以依据 UE 的最新位置信息,为其分配一个新的 RNA 区域。

3.3.4　MICO 模式

MICO 模式即终端仅支持主动发起连接的模式,用于不需要被网络寻呼到的应用场景。MICO 模式下的终端通过在空闲态时不监听寻呼信道来达到省电的目的,常用于电池受限的 IoT 设备。该模式下的 UE 不能接收寻呼,只能由 UE 主动发起通信。

MICO 模式可以在注册流程中协商决策,即 UE 可以向网络侧指示其对 MICO 模式的偏好,AMF 则会基于其偏好信息与其他信息(如用户签约、网络策略等)决定是否可以启用 MICO 模式。当 AMF 向 UE 指示启用 MICO 模式时,其注册区可以不受寻呼区域大小的约束。如果 AMF 所提供服务的区域是整个 PLMN,则 AMF 可以向 UE 提供一个"整个 PLMN 均适用"的注册区。此时,UE 无须由于 PLMN 内的移动,触发向网络侧的移动性注册更新流程。

(1) 若网络有数据需要发送给 UE,则只能暂时缓存,等到下次 UE 进入连接态时发送给 UE;

(2) 当 UE 变为连接态时,AMF 可以向 RAN 节点提供一个等待数据指示,RAN 收到该指示后将不释放 UE 的信令连接,等待网络给 UE 发送下行数据。

在初次注册或周期性注册时,UE 给 AMF 发送是否进入 MICO 模式的指示,AMF 决定是否接受 MICO 模式。同时,AMF 根据 UE 是不是 MICO 模式来决定 RA 的大小。若 UE 是 MICO 模式,则 AMF 分配给 UE 的 RA 可以是整个 PLMN,或 AMF 所支持的服务区域,从而减少移动性注册更新流程。

MICO 模式下,UE 在 Idle 态时停止接入层(Access Stratum,AS)流程,但下列原因会触发 UE 发起流程:

(1) UE 内部发生变化(如配置),UE 发起注册更新流程;

(2) 周期性注册计时器超时,UE 发起周期性注册更新;

(3) 移动端有数据待发送,UE 发起服务请求流程;

(4) 移动端有信令待发送,UE 发起服务请求流程。

3.4　注册管理流程

UE 要使用网络服务,首先需要向网络进行注册。注册流程分为如下几种:① 初始注册;② 移动性注册更新;③ 周期性注册更新。

3.4.1　初始注册流程

初始注册流程发生的场景如下：

(1) UE 进行 5GS 业务初始注册；

(2) UE 进行紧急业务初始注册；

(3) UE 进行 SMS over NAS(指通过 NAS 在 5G 网络中传输 SMS 消息)初始注册。

初始注册流程如图 3.7 所示。

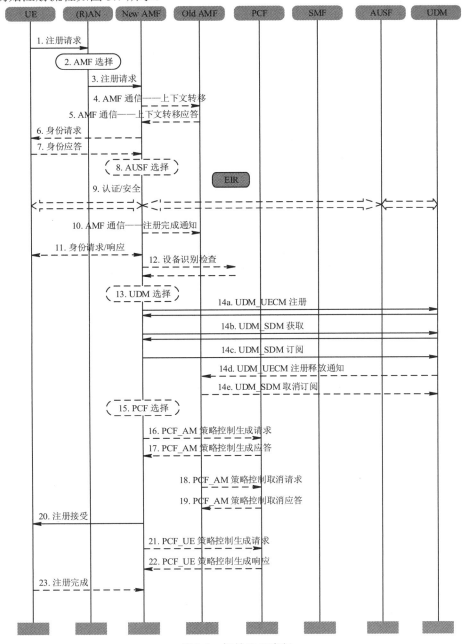

图 3.7　初始注册流程

1. 注册请求(从 UE 到(R)AN)

UE 向(R)AN 发送 AN 消息(包括 AN 参数和 Registration Request 消息)。其中,Registration Request 消息中 Registration Type 为 Initial Registration, 指示 UE 需要进行初始注册(UE 目前处于 RM-Deregistered 状态)。如果(R)AN 是 NG-RAN,则 AN 消息中 AN 参数包括 5G 服务临时移动用户标识符(5G-S-TMSI)或全局唯一 AMF 标识符(GUAMI)、请求的 NSSAI、选择的 PLMN、RRC 建立原因值。

UE 在初始注册请求消息中会携带 5G-GUTI/SUCI 作为标识。如果携带的是 5G-GUTI,则 UE 在 AN 参数中也会指示相关的 GUAMI 信息;如果携带的是 SUCI,则 UE 不会在 AN 参数中指示 GUAMI 信息。UE 在注册请求消息中携带的标识按照优先级递减的顺序排列:

(1) 由之前成功注册的 EPS 网络分配的 EPS (GUTI)转换的 5G-GUTI;

(2) 由 UE 正在尝试注册的 PLMN 分配的可用的本地 5G-GUTI;

(3) 由 UE 正在尝试注册的 PLMN 的对等 PLMN 分配给 UE 的可用的本地 5G-GUTI;

(4) 任何其他 PLMN 分配的可用的本地 5G-GUTI;

(5) UE 应将其 SUCI 包含在注册请求中。

UE 还会在注册请求消息中携带请求的 NSSAI 的映射,即请求的 NSSAI 中的每个 S-NSSAI 所对应的 HPLMN(归属公共陆地移动网络)中的 S-NSSAI,从而使得网络能够根据签约的 S-NSSAI 验证请求的 NSSAI 中的 S-NSSAI 是否可被允许接入。若 UE 使用默认配置的 NSSAI,则 UE 包含默认配置的 NSSAI 指示。

2. AMF 选择

如果 AN 消息中未携带 5G-S-TMSI 或 GUAMI,或者 5G-S-TMSI 或 GUAMI 不能指示一个合法的 AMF,则(R)AN 根据 RAT 和请求的 NSSAI 选择 AMF。如果 UE 为连接态,则(R)AN 根据已有连接,将消息直接转发到对应的 AMF 上。如果(R)AN 不能选择合适的 AMF,则将注册请求转发给(R)AN 中已配置的 Default AMF 进行 AMF 选择。

3. 注册请求(从(R)AN 到 New AMF)

(R)AN 将 N2 消息(包括 N2 参数和 Registration Request 消息)转发给新侧 AMF。消息中包括 N2 参数、注册消息(步骤 1 中的)、UE 的接入选择和 PDU 会话选择信息,以及 UE 上下文请求。如果(R)AN 是 NG-RAN,N2 参数包括选择的 PLMN ID、位置信息和与 UE 所在小区相关的小区标识。

4. AMF 通信——上下文转移

如果 AMF 发生改变,新侧 AMF(New AMF)会向老侧 AMF(Old AMF)发送"Namf_Communication_UEContextTransfer Request"消息,以获取用户上下文。

5. AMF 通信——上下文转移应答

老侧 AMF 回复"Namf_Communication_UEContextTransfer Response"消息,该消息中携带用户的上下文信息。

6. 身份请求(从 New AMF 到 UE)

如果 UE 没有提供 SUCI，并且也没有从老侧 AMF 中获取到用户上下文，新侧 AMF 就会发起身份请求(Identity Request)给 UE，向 UE 获取 SUCI。

7. 身份应答(从 UE 到 New AMF)

UE 回复身份响应(Identity Response)消息，该消息中携带 SUCI。

8. AUSF 选择

新侧 AMF 根据 SUPI 或者 SUCI 选择一个 AUSF 为 UE 进行鉴权。

9. 认证/安全

执行鉴权过程。

10. AMF 通信——注册完成通知

新侧 AMF 给老侧 AMF 回复"Namf_Communication_RegistrationCompleteNotify"消息，以通知老侧 AMF，UE 已经在新侧 AMF 上完成注册。

11. 身份请求/响应(UE 与 New AMF 之间)

如果 AMF 本地策略需要发起 PEI 认证，且新侧 AMF 从 UE 和老侧 AMF 的上下文中都没有获取到 PEI，则新侧 AMF 给 UE 发送身份请求消息以获取 PEI，UE 回复身份响应消息且消息中携带 PEI。

12. 设备识别检查

AMF 发起"N5g-eir_EquipmentIdentityCheck_Get"流程，发起 ME 识别的核查。

13. UDM 选择

AMF 基于 SUPI 执行 UDM 选择。

14. UDM 通信

(1) 如图 3.7 中 14a~14c 所示，若新侧 AMF 是初始注册的 AMF 或者 AMF 没有 UE 合法的上下文，则新侧 AMF 向 UDM 发起"Nudm_UECM_Registration"进行注册，并通过"Nudm_SDM_Get"获取签约数据。同时，新侧 AMF 向 UDM 发送"Nudm_SDM_Subscribe"，订阅签约数据变更通知服务，当订阅的签约数据周期性注册定时器发生变更时，新侧 AMF 会收到 UDM 的变更通知。

(2) 如图 3.7 中 14d 所示，如果 UDM 存储了 UE 接入类型与新侧 AMF 之间的关联信息，UDM 就会发送"Nudm_UECM_DeregistrationNotification"给老侧 AMF，通知老侧 AMF 删除 UE 上下文。如果 UDM 指示的服务 NF 删除原因是初始注册，则老侧 AMF 调用所有相关 SMF 的"Nsmf_PDUSession_ReleaseSMContext"服务操作，通知 SMF UE 已经在老侧 AMF 上去注册。SMF 收到通知后，将释放 PDU 会话。

(3) 如图 3.7 中 14e 所示，老侧 AMF 通过发起"Nudm_SDM_unsubscribe"来取消 UDM 签约数据的订阅。

15. PCF 选择

如果 AMF 决定与 PCF 建立策略联系，例如当 AMF 还没有获取到 UE 的接入和移动性策略或者 AMF 没有合法的接入和移动性策略场景下，AMF 会选择 PCF。如果 AMF 从老侧 AMF 中获取了 PCF ID，则可以直接定位到 PCF。如果定位不到或者没有获取到 PCF ID，则 AMF 会经过 NRF 选择一个新的 PCF。

16. PCF_AM 策略控制生成请求

选择好 PCF 后，新侧 AMF 向 PCF 发送"Npcf_AMPolicyControl_Create Request"消息，建立 AM(Access Management)策略控制关联，并携带 supi、notificationUri、suppFeat 等信息。

17. PCF_AM 策略控制生成应答

PCF 根据新侧 AMF 上报的消息中携带的信息和用户的签约数据作出策略判断，生成对应的 AM 策略关联，通过"Npcf_AMPolicyControl_Create Response"消息发送给新侧 AMF。

18. PCF_AM 策略控制取消请求

如果老侧 AMF 之前发起了与 PCF 的策略联系，此时老侧 AMF 给 PCF 发送"Npcf_AMPolicyControl_Delete Request"消息，请求删除老侧 AMF 与 PCF 之间的连接。

19. PCF_AM 策略控制取消应答

PCF 给老侧 AMF 发送"Npcf_AMPolicyControl_Delete Response"消息，确认 AM 策略控制关联已删除。

20. 注册接受

新侧 AMF 向 UE 发送注册接受消息，通知 UE 注册请求已被接受。消息中包含 AMF 分配的 5G-GUTI、TA List 等。

21. PCF_UE 策略控制生成请求

新侧 AMF 给 PCF 发送"Npcf_UEPolicyControl_Create Request"消息，请求建立 UE 策略关联，并携带 supi、notificationUri、suppFeat 等信息。

22. PCF_UE 策略控制生成响应

PCF 根据新侧 AMF 上报的消息中携带的信息和用户的签约数据作出策略判断，生成对应的 UE 策略关联，通过"Npcf_UEPolicyControl_Create Response"消息发送给新侧 AMF。

23. 注册完成

在注册流程中，当新侧 AMF 分配新的 5G-GUTI 给 UE 时，UE 发送注册完成消息给新侧 AMF。

3.4.2　移动性注册更新流程

移动性注册更新流程发生的场景如下：

(1) 当 UE 移动到旧注册区域外时，进行移动性注册更新；

(2) 当 UE 移动到注册区之外的新的 TA 时，或者 UE 需要更新注册过程中协商的能力或协议参数时，或者 UE 想要获取本地数据网络(Local Area Data Network, LADN)信息时，UE 会发起移动性注册更新。

移动性注册更新流程如图 3.8 所示。

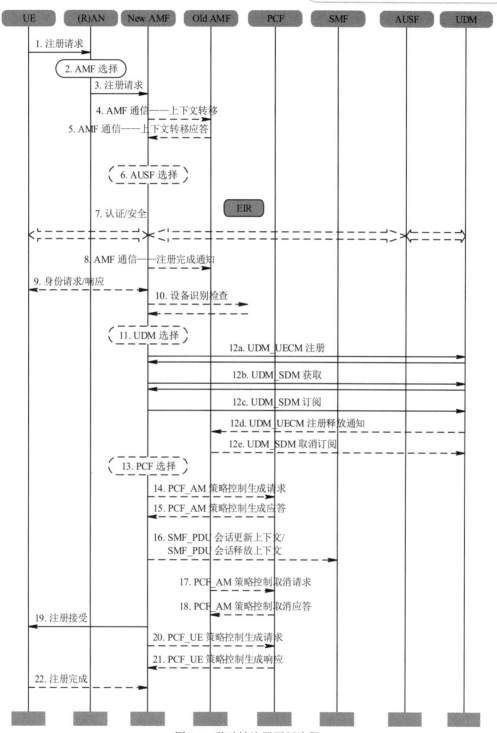

图 3.8　移动性注册更新流程

1. 注册请求(从 UE 到(R)AN)

UE 发送 AN 消息(包括 AN 参数和 Registration Request 消息)给(R)AN。其中，Registration Request 消息中 Registration Type 为 Mobility Registration Updating，指示 UE 需要进行移动

性注册更新(UE 处于 RM-Registered 状态,由于移动性或 UE 需要更新自身的能力或协议参数,发起注册流程)。在注册请求消息中,UE 会携带"待激活 PDU 会话列表",其包含待激活的 PDU 会话。

2. AMF 选择

如果 AN 消息中未携带 5G-S-TMSI 或 GUAMI,或者携带的 5G-S-TMSI 或 GUAMI 不能指示一个合法的 AMF,则(R)AN 根据 RAT 和请求的 NSSAI 选择 AMF。如果 UE 为连接态,则(R)AN 根据已有连接,将消息直接转发到对应的 AMF 上。如果(R)AN 不能选择合适的 AMF,则将注册请求转发给(R)AN 中已配置的 Default AMF 进行 AMF 选择。

3. 注册请求(从(R)AN 到 New AMF)

(R)AN 将 N2 消息(包括 N2 参数和 Registration Request 消息)转发给新侧 AMF。消息中包括 N2 参数、注册消息、UE 的接入选择和 PDU 会话选择信息,以及 UE 上下文请求。

4. AMF 通信——上下文转移

如果 AMF 发生改变,新侧 AMF 会向老侧 AMF 发送"Namf_Communication_UEContextTransfer Request"消息,以获取用户上下文。

5. AMF 通信——上下文转移应答

老侧 AMF 回复"Namf_Communication_UEContextTransfer Response"消息,该消息中携带用户的上下文信息。

6. AUSF 选择

新侧 AMF 根据 SUPI 或者 SUCI 选择一个 AUSF 为 UE 进行鉴权。

7. 认证/安全

执行鉴权过程。

8. AMF 通信——注册完成通知

新侧 AMF 给老侧 AMF 回复"Namf_Communication_RegistrationCompleteNotify"消息,以通知老侧 AMF,UE 已经在新侧 AMF 上完成注册。

9. 身份请求/响应(UE 与 New AMF 之间)

如果新侧 AMF 从 UE 和老侧 AMF 的上下文中都没有获取到 PEI,而根据 AMF 本地策略需要新侧 AMF 给 UE 发送身份请求,则新侧 AMF 给 UE 发送身份请求消息以获取 PEI,UE 回复身份响应消息,且消息中携带 PEI。

10. 设备识别检查

AMF 发起"N5g-eir_EquipmentIdentityCheck_Get"流程,发起 ME 识别的核查。

11. UDM 选择

AMF 基于 SUPI 选择 UDM。

12. UDM 通信

(1) 如图 3.8 中 12a~12c 所示,若新侧 AMF 是初始注册的 AMF 或者 AMF 没有 UE 合法的上下文,新侧 AMF 向 UDM 发起"Nudm_UECM_Registration"进行注册,并通过"Nudm_

SDM_Get"获取签约数据。同时，新侧 AMF 向 UDM 发送"Nudm_SDM_Subscribe"，订阅签约数据变更通知服务，当订阅的签约数据发生变更时，新侧 AMF 会收到 UDM 的变更通知。

(2) 如图 3.8 中 12d 所示，如果 UDM 存储了 UE 接入类型与新侧 AMF 之间的关联信息，UDM 就会发送"Nudm_UECM_DeregistrationNotification"给老侧 AMF，通知老侧 AMF 删除 UE 上下文，并通过"Nsmf_PDUSession_ReleaseSMContext"服务操作，通知 SMF UE 已经在老侧 AMF 上去注册。SMF 收到通知后，将释放 PDU 会话。

(3) 如图 3.8 中 12e 所示，老侧 AMF 通过发起"Nudm_SDM_unsubscribe"来取消 UDM 签约数据的订阅。

13. PCF 选择

如果 AMF 决定与 PCF 建立策略联系，例如当 AMF 还没有获取到 UE 的接入和移动性策略或者 AMF 没有合法的接入和移动性策略场景下，AMF 会选择 PCF。如果 AMF 从老侧的 AMF 中获取了 PCF ID，则可以直接定位到 PCF。如果定位不到或者没有获取到 PCF ID，则 AMF 会选择一个新 PCF。

14. PCF_AM 策略控制生成请求

AMF 选择 PCF 后，新侧 AMF 向 PCF 发送"Npcf_AMPolicyControl_Create Request"消息，建立访问管理(Access Management，AM)策略控制关联，并携带 supi、notificationUri、suppFeat 等信息。

15. PCF_AM 策略控制生成应答

PCF 根据新侧 AMF 上报的消息中携带的信息和用户的签约数据作出策略判断，生成对应的 AM 策略关联，通过"Npcf_AMPolicyControl_Create Response"消息发送给新侧 AMF。

16. SMF_PDU 会话更新上下文/SMF_PDU 会话释放上下文

若在注册请求消息中包含需要被激活的 PDU 会话，则新侧 AMF 给 SMF 发送"Nsmf_PDUSession_UpdateSMContext Request"消息，激活 PDU 会话的用户面连接。若 PDU 会话状态指示它在 UE 上已经被释放，则新侧 AMF 通知 SMF 释放 PDU 会话相关网络资源。若 SMF 订阅了 UE 相关的移动性事件通知，则新侧 AMF 根据需要向 SMF 发送通知。

17. PCF_AM 策略控制取消请求

如果老侧 AMF 之前发起了与 PCF 的策略联系，此时老侧 AMF 给 PCF 发送"Npcf_AMPolicyControl _Delete Request"消息，请求删除老侧 AMF 与 PCF 之间的连接。

18. PCF_AM 策略控制取消应答

PCF 向老侧 AMF 发送"Npcf_AMPolicyControl_Delete Response"消息，确认 AM 策略控制关联已删除。

19. 注册接受

新侧 AMF 向 UE 发送注册接受消息，通知 UE 注册请求被接受。消息中包含分配的 5G-GUTI、TA List 等。

20. PCF_UE 策略控制生成请求

新侧 AMF 给 PCF 发送"Npcf_UEPolicyControl_Create Request"消息，请求建立 UE

策略关联，并携带 supi、notificationUri、suppFeat 等信息。

21. PCF_UE 策略控制生成响应

PCF 根据新侧 AMF 上报的消息中携带的信息和用户的签约数据作出策略判断，生成对应的 UE 策略关联，通过"Npcf_UEPolicyControl_Create Response"消息发送给新侧 AMF。

22. 注册完成

新的 5G-GUTI 被分配时，UE 发送注册完成消息给新侧 AMF。

3.4.3　周期性注册更新流程

当 UE 在之前的注册流程中协商的周期性注册更新定时器超时的时候，UE 会发起周期性注册更新流程。

周期性注册更新流程和初始注册流程、移动性注册更新流程相似，只是不需要包含其他注册案例中使用的所有参数。周期性注册更新流程中可能发生鉴权过程，鉴权过程与初始注册及移动性注册更新流程中的鉴权过程相同。周期性注册更新流程如图 3.9 所示。

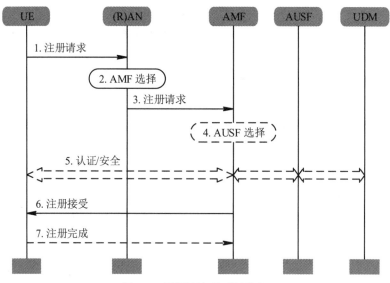

图 3.9　周期性注册更新流程

1. 注册请求(从 UE 到(R)AN)

UE 发送 AN 消息(包括 AN 参数和 Registration Request 消息)给(R)AN。其中，Registration Request 消息中 Registration Type 为 Periodic Registration Updating，指示 UE 由于周期性注册更新定时器超时需要发起注册流程。

2. AMF 选择

如果 AN 消息中未携带 5G-S-TMSI 或 GUAMI，或者 5G-S-TMSI 或 GUAMI 不能指示一个合法的 AMF，则(R)AN 根据 RAT 和请求的 NSSAI 选择 AMF。如果 UE 为连接态，则(R)AN 根据已有连接，将消息直接转发到对应的 AMF 上。如果(R)AN 不能选择合适的 AMF，则将注册请求转发给(R)AN 中已配置的 AMF 进行 AMF 选择。

3. 注册请求(从(R)AN 到 AMF)

(R)AN 将 N2 消息(包括 N2 参数和 Registration Request 消息)转发给 AMF。消息中包括 N2 参数、注册消息、UE 的接入选择和 PDU 会话选择信息，以及 UE 上下文请求。

4. AUSF 选择

AMF 根据 SUPI 或者 SUCI 选择一个 AUSF 为 UE 进行鉴权。

5. 认证/安全

执行鉴权过程。

6. 注册接受

AMF 向 UE 发送注册接受消息，通知 UE 注册请求被接受。消息中包含 LADN 信息、网络切片签约变更指示以及 MICO 模式等。

7. 注册完成

在收到一个网络切片签约变更指示后，UE 成功完成更新时，或者新的 5G-GUTI 被分配时，UE 发送注册完成消息给 AMF。

3.4.4　AMF 重分配注册流程

在注册流程中,(R)AN 优先根据 5G GUAMI 查找目标 AMF,其次根据 Requested NSSAI 查找目标 AMF。(R)AN 如果无法根据 UE 在 AN 消息中携带的 5G GUAMI 或 Requested NSSAI 查找到目标 AMF，则会选择一个缺省的 AMF(又称为初始 AMF)执行注册流程。因此当初始 AMF 接收到注册请求时，初始 AMF 可能需要将注册请求重路由到另一个 AMF(因为初始 AMF 不是为 UE 服务的合适的 AMF)，因此要执行 AMF 重分配流程的注册流程，将 UE 的 NAS 消息重路由到目标 AMF，由目标 AMF 继续为 UE 提供注册服务。

当(R)AN 选择的初始 AMF 不支持 UE 当前的切片类型时，触发 AMF 重分配流程，为 UE 选择满足其当前网络切片需求的 AMF。AMF 重分配注册流程如图 3.10 所示。

1. 初始 UE 消息

UE 发起注册请求,(R)AN 选择了一个初始 AMF，并向初始 AMF 发送注册请求消息。

2. 执行标准注册流程中的第 4~9 步

如果是 Inter AMF 注册流程,初始 AMF 从原 AMF 侧获取用户签约数据等用户上下文。

3. 获取签约数据

如果未能从老侧获取到 UE 的签约数据，初始 AMF 会继续尝试从 UDM 获取用户签约数据。

4. 获取新的 AMF Set

初始 AMF 根据 Requested NSSAI 和 Subscribed NSSAI 发现自身切片类型不支持 UE 接入，向 NSSF 查询满足 UE 当前网络切片类型的 AMF。

(1) 如图 3.10 中 4a 所示,初始 AMF 调用"Nnssf_NSSelection_Get"服务并将 Requested NSSAI、Subscribed S-NSSAI、PLMN、TAI 等信息发送给 NSSF,用于查询满足 UE 当前网络切片类型的 AMF。

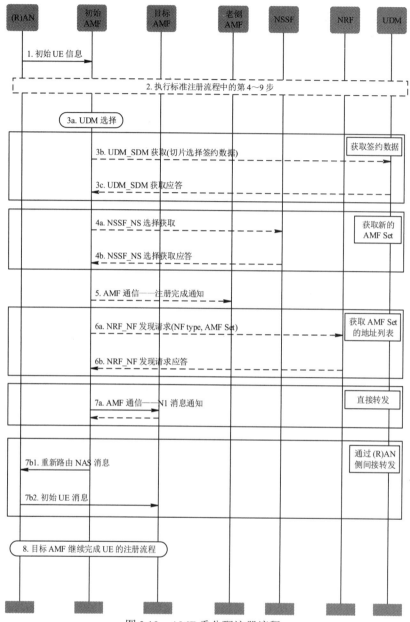

图 3.10　AMF 重分配注册流程

(2) 如图 3.10 中 4b 所示，NSSF 根据接收到的信息及本地配置，选出可以为 UE 服务的 AMF Set 或候选 AMF 列表，以及适用于此次接入的 Allowed NSSAI。

5. AMF 通信——注册完成通知

如果当前流程是 Inter AMF 注册流程，初始 AMF 发送一个拒绝指示到老侧 AMF，告知在初始 AMF 中当前 UE 注册流程未完成。老侧 AMF 收到该指示后，继续保存 UE 上下文以便目标 AMF 获取。

6. 获取 AMF Set 的地址列表

初始 AMF 查询 NRF，获取目标 AMF 的权重和地址等信息。

（1）如果初始 AMF 的 Set ID 不在 NSSF 返回的 AMF Set 内，则初始 AMF 根据本地重定向优先级策略可以向 NRF 请求发现可用 AMF 列表，包括 AMF Pointer 和地址信息。

（2）如果初始 AMF 不在 NSSF 返回的候选 AMF 列表内，则初始 AMF 向 NRF 请求发现候选 AMF 的信息。初始 AMF 根据权重或者本地策略从中选择一个作为目标 AMF。

7. 直接转发或通过(R)AN 侧间接转发

初始 AMF 根据本地配置将 NAS 消息转发到目标 AMF，有以下两种转发方式：

（1）直接转发，如图 3.10 中 7a 所示。如果初始 AMF 基于本地策略和签约信息决定直接将 NAS 消息发送给目标 AMF，则初始 AMF 将 UE 注册请求消息以及从 NSSF 获得的除 AMF Set 外的其他信息都发送给目标 AMF。

（2）通过(R)AN 侧间接转发，如图 3.10 中 7b1 和 7b2 所示。如果初始 AMF 基于本地策略和订阅信息决定经由(R)AN 将 NAS 消息转发到目标 AMF，则初始 AMF 向(R)AN 发送重新路由 NAS 消息，包括目标 AMF 信息和注册请求消息，以及从 NSSF 获得的相关信息。

8. 目标 AMF 继续完成 UE 的注册流程

在接收到步骤 7a 或步骤 7b 发送的注册请求消息之后，目标 AMF 继续执行注册流程的相关步骤，最终向 UE 发送注册接受消息，消息中携带 Allowed NSSAI、NSSP 等信息。

3.4.5　UE 发起的去注册流程

当 UE 不需要继续访问网络，或者 UE 无权限继续访问网络时，会发起去注册流程。如果 UE 主动退出网络，UE 会主动发起去注册流程通知网络，不再接入 5GS。网络通知 UE，它不再具有 5GS 的访问权限。

当 UE 不再接入 5G 网络，可发起去注册流程。UE 发起的去注册流程如图 3.11 所示。

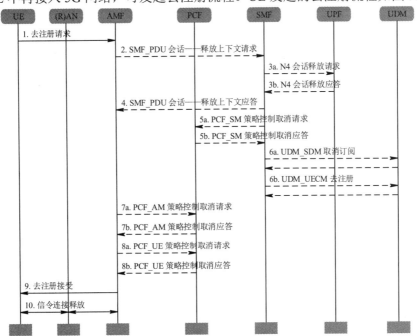

图 3.11　UE 发起的去注册流程

1. 去注册请求

UE 发送 Deregistration Request(UE originating)消息给 AMF,消息中携带 5G-GUTI、Deregistration Type(例如 Switch off)和 Access Type。

2. SMF_PDU 会话——释放上下文请求

如果 UE 当前没有建立的 PDU 会话,则无须执行步骤 2~5,即 SMF 不用释放 PDU 会话和相应的用户面资源;如果 UE 有 PDU 会话,则 AMF 发送"Nsmf_PDUSession_ReleaseSMContext Request"消息给 SMF,消息中携带 SUPI、PDU 会话 ID,以通知 SMF 释放 PDU 会话资源和相关用户面资源。

3. N4 会话释放请求及应答

SMF 发送 N4 会话释放请求给 UPF,使其释放会话相关的所有隧道资源和上下文,具体如下:

(1) SMF 向 UPF 发送"N4 Session Release Request"(N4 会话 ID)消息,UPF 将丢弃 PDU 会话的剩余数据包,释放所有与 N4 会话关联的隧道资源和上下文。

(2) UPF 回复"N4 Session Release Response"给 SMF。

4. SMF_PDU 会话——释放上下文应答

SMF 回复"Nsmf_PDUSession_ReleaseSMContext Response"消息以响应 AMF。

5. SMF 断开与 PCF 之间的联系

(1) 如果该会话应用了动态策略和计费控制(Policy and Charging Control,PCC),则 SMF 向 PCF 发送"Npcf_SMPolicyControl_Delete Request"消息,请求删除 PDU 会话相应的信息,终止动态策略的下发。

(2) PCF 释放会话资源,给 SMF 回复"Npcf_SMPolicyControl_Delete Response"消息。

6. SMF 断开与 UDM 之间的联系

(1) 如果 SMF 处理的是 UE 最后一个 PDU 会话,则 SMF 会执行"Nudm_SDM_Unsubscribe",取消订阅签约数据变更通知服务。

(2) SMF 执行"Nudm_UECM_Deregistration"服务操作,移除在 UDM 中存储的 PDU 会话与 SMF ID、SMF 地址以及数据网络名称(Data Network Name,DNN)之间的联系。

7. PCF_AM 策略控制取消请求及应答

如果 AMF 与 PCF 存在联系并且 UE 不再注册到网络,则删除 AMF 与 PCF 的 AM 策略关联关系。

(1) AMF 向 PCF 发送"Npcf_AMPolicyControl_Delete Request"消息,请求删除与 PCF 的 AM 策略关联关系。

(2) PCF 向 AMF 发送"Npcf_AMPolicyControl_Delete Response"消息,确认 AM 策略控制关联已删除。

8. PCF_UE 策略控制取消请求及应答

如果 AMF 与 PCF 之间存在与该 UE 相关的关联关系且该 UE 在任何接入方式下都不再注册,则删除 AMF 与 PCF 的 UE 策略关联关系。

(1) AMF 向 PCF 发送"Npcf_UEPolicyControl_Delete Request"消息，请求删除与 PCF 的 UE 策略关联关系。

(2) PCF 向 AMF 发送"Npcf_UEPolicyControl_Delete Response"消息，确认 UE 策略关联已删除。

9. 去注册接受

AMF 发送"NAS message Deregistration Accept"给 UE。该步骤可选，例如，若去注册类型是 Switch Off，则不用发送该消息。

10. 信令连接释放

AMF 发送"N2 UE Context Release Request"到(R)AN，释放 N2 信令连接。

3.4.6　网络侧发起的去注册流程

当 UE 无权限继续访问网络时，或者因为操作维护原因网络侧需要 UE 去注册时，或者去注册定时器超时，会发生网络侧发起的去注册流程。

网络侧发起的去注册流程可以由 AMF 和 UDM 发起。例如在去注册定时器超时等场景下，AMF 可以发起该流程。如果运营商想删除某个用户的注册上下文和用户的 PDU 会话，UDM 也可以触发该流程。网络侧发起的去注册流程如图 3.12 所示(以 UDM 触发为例)。

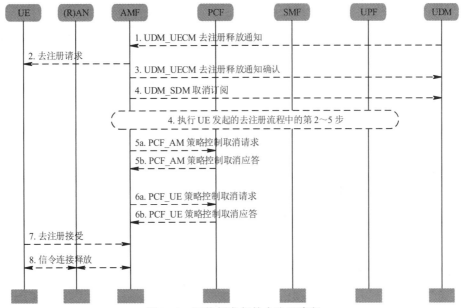

图 3.12　网络侧发起的去注册流程

1. UDM_UECM 去注册释放通知

如果 UDM 想立即删除用户注册上下文和 PDU 会话，则 UDM 可发送"Nudm_UECM_Deregistration Notification"消息给 AMF，消息中携带 Removal Reason、SUPI、Access Type 等参数。

2. 去注册请求

AMF 收到消息后在对应的接入网络中执行去注册流程。AMF 可发起隐式去注册和显式去注册两种。

(1) 隐式去注册是指 AMF 不发送去注册消息给 UE。

(2) 显式注册是指 AMF 发送去注册消息给 UE。如果 UE 处于 CM-Idle 态，则 AMF 先寻呼 UE，再发送去注册请求消息。

3. UDM_UECM 去注册释放通知确认

AMF 回复"Nudm_UECM_DeRegistrationNotification Ack"消息给 UDM。

4. UDM_UECM 取消订阅

AMF 通过"Nudm_SDM_Unsubscribe"业务操作取消 UDM 签约数据变更通知的订阅。如果存在建立的 PDU 会话，则执行图 3.11 中 UE 发起的去注册流程中的第 2~5 步。

5. PCF_AM 策略控制取消请求及应答

如果 AMF 与 PCF 存在联系并且 UE 不再注册到网络，则删除 AMF 与 PCF 的 AM 策略关联关系。

(1) AMF 向 PCF 发送"Npcf_AMPolicyControl_Delete Request"消息，请求删除与 PCF 的 AM 策略关联关系。

(2) PCF 向 AMF 发送"Npcf_AMPolicyControl_Delete Response"消息，确认 AM 策略控制关联已删除。

6. PCF_UE 策略控制取消请求及应答

如果 AMF 与 PCF 之间存在与该 UE 相关的关联关系且该 UE 在任何接入方式下都不再注册，则删除 AMF 与 PCF 的 UE 策略关联关系。

(1) AMF 向 PCF 发送"Npcf_UEPolicyControl_Delete Request"消息，请求删除与 PCF 的 UE 策略关联关系。

(2) PCF 向 AMF 发送"Npcf_UEPolicyControl_Delete Response"消息，确认 UE 策略关联已删除。

7. 去注册接受

UE 收到步骤 2 中 AMF 发送的去注册请求后，UE 给 AMF 回复"Deregistration Accept"。

8. 信令连接释放

AMF 给(R)AN 发送"N2 UE Context Release Command"，释放 N2 信令连接。

3.5　连接管理流程

3.5.1　AN Release 流程

当 UE 长时间不活动，(R)AN 上 UE 不活动定时器超时后，(R)AN 会发起 AN Release 流程以节省网络资源。AN Release 流程可以释放 UE 逻辑上的下一代应用协议(NG Application Protocol，NG-AP)信令连接和关联的 N3 用户面连接，以及(R)AN 的 RRC 信令和资源。但是当 NG-AP 信令连接因(R)AN 或 AMF 故障而断开时，则 AN Release 由 AMF 或(R)AN 在本地进行，不使用(R)AN 和 AMF 之间的任何信令。AN Release 会导致 UE 的所有 UP 连接都被去激活。

AN Release 流程可以由 AMF 或(R)AN 发起。(R)AN 发起的原因有无线链路失败、用户不活动、系统间重定位，以及 UE 释放了信令连接等。AMF 发起的原因有 UE 去注册等。

(R)AN 发起和 AMF 发起的释放流程如图 3.13 所示。

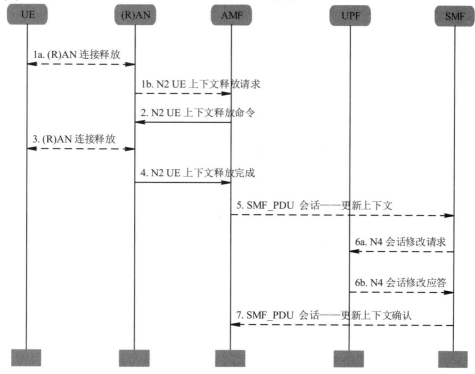

图 3.13　AN Release 流程

1. (R)AN 连接释放及N2 UE 上下文释放请求

如果是(R)AN 发起的流程，(R)AN 向 AMF 发送 N2 UE Context Release Request 消息。若 AMF 判断消息中携带了 PDU 会话 ID 且 N3 用户面链路是激活可用的，则先执行步骤 5～7，对对应的 PDU 会话进行去激活，再执行接下来的步骤 2～4。

(1) 如果(R)AN 有确认的条件(例如无线链路失败)或其他(R)AN 内部原因，则(R)AN 可以决定发起 UE 上下文释放。

(2) (R)AN 向 AMF 发送"N2 UE Context Release Request"消息，消息中携带释放原因值(例如 AN Link Failure、User Inactivity)和用户面资源激活的 PDU 会话 ID 列表。

2. N2 UE 上下文释放命令

AMF 给(R)AN 发送"N2 UE Context Release Command"消息。如果是 AMF 发起的 AN Release 流程，则流程从该步开始依次执行第 3～7 步。

3. (R)AN 连接释放

如果(R)AN 与 UE 之间的连接还没有完全释放，则(R)AN 请求 UE 释放(R)AN 连接，并且在收到 UE 释放连接的确认后，(R)AN 删除 UE 的上下文。

4. N2 UE 上下文释放完成

(R)AN 向 AMF 发送"N2 UE Context Release Complete"，表示 N2 连接已经释放。

5. SMF_PDU 会话——更新上下文

AMF 给 SMF 发送"Nsmf_PDUSession_UpdateSMContext Request"，去激活对应的 PDU 会话的用户面资源。

6. SMF 发起 N4 会话修改流程

(1) SMF 给 UPF 发送"N4 Session Modification Request"消息，指示 UPF 删除 AN 隧道信息或者 UPF 的隧道信息。缓冲开关表示 UPF 是否应该缓存传入的下行 PDU。

如果 PDU 会话中使用了多个 UPF，且 SMF 确定释放 UPF 终结 N3，则 SMF 向 UPF 执行本步骤(e.g, PSA)向当前 N3 UPF 终止 N9，随后 SMF 向 N3 UPF 释放 N4 会话。如果释放原因为用户不活动或 UE 重定向，SMF 应保留 GBR QoS 流；否则，在 AN 释放过程完成后，SMF 应触发 UE 的 GBR QoS Flow 的 PDU 会话修改过程。

如果 URLLC 使用冗余的 I-UPF，则针对每个 I-UPF 执行"N4 Session Modification Request"流程。冗余的 I-UPF 会根据 SMF 提供的缓存指示，来缓存该 PDU 会话的下行报文，或者丢弃该 PDU Session 的下行报文，或者将该 PDU 会话的下行报文转发给 SMF。

(2) UPF 发送"N4 Session Modification Response"消息，以响应 SMF 的请求。

7. SMF-PDU 会话——更新上下文确认

SMF 给 AMF 回复"Nsmf_PDUSession_UpdateSMContext Response"消息，流程结束。

3.5.2   UE 触发的服务请求

服务请求流程既可以用于空闲态下的 UE 与 AMF 之间建立信令连接，又可以用于空闲态或连接态下的 UE 激活已建立的 PDU 会话的用户面连接。

UE 触发服务请求的主要目的有：

(1) 将空闲态 UE 转换成连接态 UE，以发送上行数据/信令；

(2) 作为对 Paging 消息的响应；

(3) 激活一个 PDU 会话的用户面连接。

处于 CM-Idle 态的 UE 有数据或者信令向网络侧发送时，可触发该流程。UE 处于 CM-Connected 态时，也可通过该流程激活指定的某些 PDU 会话，建立用户面连接，进行数据传输。UE 触发的服务请求流程如图 3.14 所示。

1. 服务请求

UE 发送 Service Request 消息(包含在 RRC Message 里面)给(R)AN，消息里面携带 Service Type、5G-S-TMSI。

2. N2 消息(服务请求)

(R)AN 通过 N2 Message 将 Service Request 信息转发给 AMF，N2 Message 中携带 N2 Parameters、Service Request 和 UE Context Request。

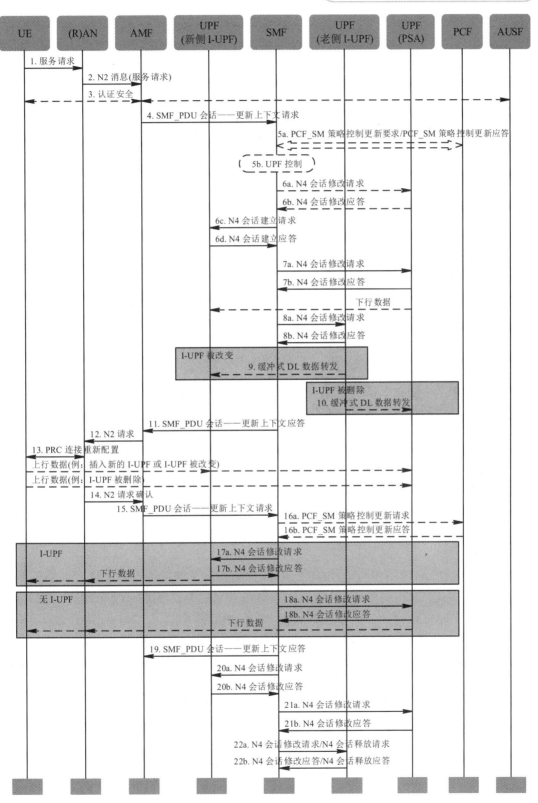

图 3.14　UE 触发的服务请求流程

3. 认证安全

AMF 发起对 Service Request 消息的 NAS 鉴权流程。若 Service Request 消息已经进行了完整性保护，则不用执行鉴权操作。

如果服务请求流程仅 UE 恢复了信令连接，则接下来只用执行步骤 12～14。

4. SMF_PDU 会话——更新上下文请求

AMF 给需要激活的 PDU 会话对应的 SMF 发送 "Nsmf_PDUSession_UpdateSMContext Request" 消息，请求恢复 PDU 的会话连接。需要激活的 PDU 会话根据 UE 在 Service Request 消息中的 Uplink Data Status 信元指定。

5. SMF 策略控制更新与 UPF 选择

SMF 发起 SM 策略关联修改流程，并根据 AMF 提供的位置信息选择 UPF。

(1) 如图 3.14 中 5a 所示，如果步骤 4 中 AMF 通知 SMF PDU 会话的接入类型可以改变，并且部署了 PCC，则 SMF 发起 "Npcf_SMPolicyControl_Update Request" 消息给 PCF，PCF 通过 "Npcf_SMPolicyControl _Update Response" 消息提供更新后的 PCC 规则给 SMF。

(2) 如图 3.14 中 5b 所示，SMF 根据 AMF 提供的位置信息选择 UPF。选择的 UPF 可能是当前的 UPF，也可能是新 UPF 作为中间 UPF，或者是增加一个新中间 UPF 或删除一个中间 UPF。

6. N4 会话修改(SMF 与 UPF(PSA)之间)、N4 会话建立(SMF 与 UPF(新侧 I-UPF)之间)

SMF 给新侧 I-UPF 发送 "N4 Session Establishment Request"，下发 UPF 用于用户面数据报文检测和策略执行的规则，建立新的连接。新侧 I-UPF 给 SMF 回复 "N4 Session Establishment Response" 消息，SMF 启动定时器，待定时器超时后释放老侧 I-UPF 上的资源。如果 I-UPF 发生变更，且 CN 隧道信息由 UPF 分配，则发生图 3.14 中 6a 和 6b。

(1) 根据网络部署，UPF (PSA)分配的 N3 或 N9 接口的 CN 隧道信息可能在服务请求过程中发生变化，例如 UPF 连接不同 IP 域。如果需要使用不同的 CN 隧道信息，并且 CN 隧道信息由 UPF 分配，则 SMF 向 UPF (PSA)发送 "N4 Session Modification Request" 消息。如果 CN 隧道信息由 SMF 分配，则 SMF 可以在步骤 7 中提供更新后的 CN 隧道信息和上行报文检测规则。

(2) UPF (PSA)向 SMF 发送 "N4 Session Modification Response" 消息，向 SMF 提供 CN 隧道信息。UPF (PSA)将 CN 隧道信息与 SMF 提供的上行报文检测规则进行关联。

(3) 如果 SMF 选择一个新的 UPF 作为 PDU 会话的中间 UPF，或者 SMF 为没有中间 UPF 的 PDU 会话选择插入中间 UPF，则向新的 UPF 发送 "N4 Session Establishment Request" 消息，提供报文检测、数据转发，在中间 UPF 上安装的执行和报告规则。PSA 的 CN 隧道信息(N9)，即用于建立 PDU 会话的 N9 隧道信息，也提供给中间 UPF。如果业务请求是由网络触发的，且 SMF 选择了新的 UPF 替换旧的(中间)UPF，如果 UPF 分配了隧道端点信息，则 SMF 还请求新侧 I-UPF 分配第二隧道端点，老侧 I-UPF 将缓存的 DL 数据发送给新侧 I-UPF 分配第二隧道端点。

(4) 新中间 UPF 向 SMF 发送 "N4 Session Establishment Response" 消息，当 UPF 分配 CN 隧道信息时，UPF 提供下行 CN 隧道。SMF 启动一个定时器，在步骤 22a 中使用，如果有，则释放旧中间 UPF 中的资源。

如果是网络侧触发的服务请求,新侧 I-UPF 将作为数据缓存点,从老侧 I-UPF 缓存数据。

7. N4 会话修改(SMF 与 UPF(PSA)之间)

SMF 将新侧 I-UPF 的下行隧道信息发送给锚定点 UPF(PSA),UPF(PSA)可以将下行数据发送给新侧 I-UPF。

(1) SMF 给 UPF(PSA)发送"N4 Session Modification Request"消息,将新侧 I-UPF 的下行隧道信息发送给 UPF(PSA),UPF(PSA)开始向新侧 I-UPF 发送下行数据。

(2) UPF(PSA)给 SMF 回复"N4 Session Modification Response"消息,SMF 启动定时器,待定时器超时,释放老侧 I-UPF 上的资源。

8. N4 会话修改(SMF 与 UPF(老侧 I-UPF)之间)

当网络侧有数据发送且老侧 UPF 确定要被删除时,老侧 UPF 不能继续作为数据缓存点,需要建立新的转发隧道,便于老侧 I-UPF 将缓存的数据发送到新的缓存点。

(1) SMF 发送"N4 Session Modification Request"(包括 New UPF address、New UPF DL Tunnel ID)给老侧 I-UPF,将新的下行缓存数据转发的隧道信息告知老侧 I-UPF。

如果选择了新侧 I-UPF,则将新侧 I-UPF 的地址和下行隧道信息发给老侧 UPF。建立成功后,执行第 9 步,将数据缓存到新侧 I-UPF。

如果没有选择新侧 I-UPF,则将 UPF(PSA)的地址和下行隧道信息发给老侧 UPF。建立成功后,执行第 10 步,将数据缓存到 UPF(PSA)。

(2) 老侧 I-UPF 给 SMF 回复"N4 Session Modification Response"消息。SMF 启动定时器监测新建立的转发隧道。

9. 缓冲式 DL 数据转发(I-UPF 被改变)

如果 I-UPF 改变,并且老侧 I-UPF 建立了到新侧 I-UPF 的转发隧道,则老侧 I-UPF 将其缓存数据转发给作为 N3 终结点的新侧 I-UPF。新侧 I-UPF 不应该发送从 UPF (PSA) 接收的缓存下行数据包,直到从老侧 I-UPF 接收到结束标记数据包或步骤 6c 中启动的定时器超时。

10. 缓冲式 DL 数据转发(I-UPF 被删除)

如果老侧 I-UPF 被删除,PDU 会话没有分配新的 I-UPF,且老侧(中间)UPF 与 UPF(PSA) 的转发隧道已经建立,则旧侧(中间)UPF 将缓存的数据转发给作为 N3 终结点的 UPF(PSA) 点。UPF(PSA)不应该发送从 N6 接口接收的缓存的 DL 数据,直到它从旧 I-UPF (I-UPF)接收到结束标记数据包或步骤 7a 中启动的定时器超时。

11. SMF_PDU 会话——更新上下文应答

SMF 接受了 PDU 会话激活请求,向 AMF 回复"Nsmf_PDUSession_UpdateSMContext Response"消息,并携带会话相关的信息(包括会话 ID、QoS 等信息)。

12. N2 请求

AMF 向(R)AN 发送 N2 请求消息。消息中包括 N2 SM Information Received from SMF、Security Context、Mobility Restriction List、Subscribed UE-AMBR、MM NAS Service Accept、List of Recommended Cells/TAs/NG-RAN Node Identifiers 和 UE Radio Capability 等信息。

13. RRC 连接重新配置

(R)AN 根据已经激活的 PDU 会话的 QoS 信息,与 UE 执行 RRC Connection

Reconfiguration，完成 RRC 的信令连接。

14. N2 请求确认

(R)AN 向 AMF 发送"N2 Request Ack"消息，消息中携带 N2 SM 信息和 PDU 会话 ID。N2 SM 信息包括 AN 的隧道信息、接受的 QoS 流列表和拒绝的 QoS 流列表。

15. SMF_PDU 会话——更新上下文请求

如果步骤 14 中携带了 N2 SM 信息且 AMF 收到了该信息，则 AMF 给 PDU 会话对应的 SMF 发送"Nsmf_PDUSession_UpdateSMContext Request"消息，将 N2 SM 信息转发给 SMF。

16. SMF 策略控制更新

如果启用了动态 PCC 且 PCF 已经订阅了该服务，则 SMF 发起 PCC 流程。

(1) SMF 发送"Npcf_SMPolicyControl_Update Request"消息给 PCF，向 PCF 发起关于新的位置信息的通知。

(2) PCF 根据新的位置信息，决定是否下发新的控制策略，并回复"Npcf_SMPolicyControl_Update Response"消息给 SMF。

17. N4 会话修改(SMF 与 UPF(新侧 I-UPF)之间)

如果第 8 步建立的是与新侧 I-UPF 的隧道信息，则 SMF 向新侧 I-UPF 发送"N4 Session Modification Request"，提供新的 AN 隧道信息。此时新侧 I-UPF 的下行数据可以转发到 (R)AN 和 UE。

(1) 如果 SMF 在步骤 5b 中选择了新的 UPF 作为 PDU 会话的中间 UPF，则 SMF 向新侧 I-UPF 发起 N4 会话修改流程，并提供隧道信息，新侧 I-UPF 的下行数据可以转发给(R)AN 和 UE。

(2) 新侧 I-UPF 给 SMF 回复"N4 Session Modification Response"。

18. N4 会话修改(SMF 与 UPF(PSA)之间)

如果第 8 步建立的是与 UPF(PSA)的隧道信息，则 SMF 向 UPF(PSA)发送"N4 Session Modification Request"消息，将 AN 的隧道信息发送给 UPF(PSA)。UPF(PSA)的下行数据此时可以转发到(R)AN 和 UE 上。

(1) 如果需要建立或修改用户面且修改后没有 I-UPF，则 SMF 向 UPF(PSA)发起 N4 会话修改流程，并提供 AN 隧道信息，UPF(PSA)的下行数据可以转发给(R)AN 和 UE。对于被拒绝的 QoS 流列表中的 QoS 流，SMF 应指示 UPF 删除与 QoS 流关联的规则(例如报文检测规则等)。

(2) UPF(PSA)回复"N4 Session Modification Response"。

19. SMF_PDU 会话——更新上下文应答

SMF 给 AMF 回复"Nsmf_PDUSession_UpdateSMContext Response"。

20. N4 会话修改(SMF 与 UPF(新侧 I-UPF)之间)

第 8 步中建立了数据转发隧道，并且启动了定时器，如果定时器超时，则需要释放转发隧道，第 20 步和 21 步分别用于释放第 8 步中两种场景的隧道。

(1) SMF 发送"N4 Session Modification Request"给作为 N3 终节点的新侧 I-UPF，释

放建立的转发隧道。

(2) 新侧 I-UPF 回复"N4 Session modification response"给 SMF。

21. N4 会话修改(SMF 与 UPF(PSA)之间)

(1) SMF 发送"N4 Session Modification Request"给作为 N3 终节点的 UPF(PSA)，释放建立的转发隧道。

(2) 释放掉转发隧道后，UPF(PSA)回复"N4 Session Modification Response"给 SMF。

22. N4 会话修改(SMF 与 UPF(老侧 I-UPF)之间)

SMF 发送"N4 Session Modification Request"给老侧 I-UPF，以更新 AN 隧道信息，或者发送"N4 Session Release Request"给老侧 I-UPF，删除在老侧 I-UPF 上的资源。

(1) 如果在步骤 5b 中，SMF 决定继续使用旧的 UPF，则 SMF 发送 N4 会话修改请求，提供 AN 隧道信息。如果 SMF 决定在步骤 5b 中选择新的 UPF 作为中间 UPF，而旧的 UPF 不是 PSA UPF，则在步骤 6b 或 7b 中的定时器超时后，SMF 发起 N4 Session Release Request ，向旧的中间 UPF 发送 N4 会话释放请求(释放原因)。

(2) 旧 UPF 通过"N4 Session Modification Response"或"N4 Session Release Response"确认资源的修改或释放。

3.5.3　网络侧触发的服务请求

当网络侧发送信令或有下行数据发送给 UE 且 UE 处于 CM-Idle 态时，AMF 会请求 (R)AN 在注册区内寻呼 UE，UE 收到寻呼消息后会发起业务请求流程。UE 处于 CM-Connected 态的情况下，该流程也可以用于当网络侧激活 PDU 会话时，建立用户面连接，进行数据传输。网络侧触发的服务请求流程如图 3.15 所示。

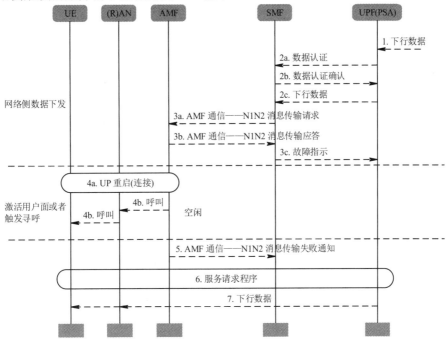

图 3.15　网络侧触发的服务请求流程

1. 下行数据

当 UPF 接收到 PDU 会话的下行数据时，如果 PDU 会话中没有 UPF 中存储的隧道信息，则根据 SMF 的指示，UPF 可以缓存下行数据(步骤 2a 和 2b)，或将下行数据转发给 SMF(步骤 2c)。

2. UPF 数据认证流程

(1) 当 UPF(PSA)收到一个 QoS Flow 的第一个下行数据包时，UPF(PSA)向 SMF 发送 Data Notification，通知 SMF 有数据下达。

(2) SMF 向 UPF(PSA)回复"Data Notification Ack"。

(3) UPF(PSA)将下行数据包转发到 SMF。

3. SMF 判断 UE 是否可达

SMF 根据 UE 是否可达的情况，决定是否给 AMF 发送消息。

(1) 在 UE 可达情况下，SMF 给 AMF 发送"Namf_Communication_N1N2Message Transfer"消息，消息中包括 PDU 会话 ID、N2 SM Information、ARP、寻呼策略、N1N2 转发失败通知目的地址等信息。

(2) AMF 回复响应消息给 SMF。

(3) 如果 AMF 感知到 UE 不可达或者仅可达高优先级服务，则通知 SMF，SMF 将发送"Failure Indication"给 UPF(PSA)，告知 UPF(PSA)停止相关数据服务，例如停止发送 Data Notification 消息、停止缓存数据和丢弃缓存数据。

4. AMF 激活用户面或触发寻呼

AMF 根据 UE 的状态，决定下一步需要执行的动作。

(1) 当 UE 处于 CM-Connected 态时，AMF 不需要进行寻呼，要为 PDU 会话激活用户面连接，具体可参考 UE 触发的服务请求流程中的步骤 12 到 22。随后结束流程，不用执行本流程中的其余步骤。

(2) 当 UE 处于 CM-Idle 态时，AMF 发送 Paging 消息给(R)AN，在 UE 注册的区域范围内寻呼 UE。

5. AMF 通信——N1N2 消息传输失败通知

若 AMF 下发了 Paging，但寻呼无响应，则 AMF 给 SMF 回复"Namf_Communication_ N1N2Transfer Failure Notification"消息，通知 SMF 寻呼失败，结束流程。

6. 服务请求程序

若 UE 收到寻呼请求，发起 Service Request 流程，流程与 UE 触发的服务请求流程一样。

7. 下行数据

服务请求流程成功，发送下行数据。

3.6　切换流程

移动信号在小区边界是重叠的，如图 3.16～3.17 所示。有时多个小区的信号会重叠，甚至多种制式(2G、3G、4G、5G)的信号会重叠。UE 从一个 gNodeB 覆盖区向另外一个 gNodeB 覆盖区移动时，源信号会逐渐变弱，而目标信号会逐渐增强。

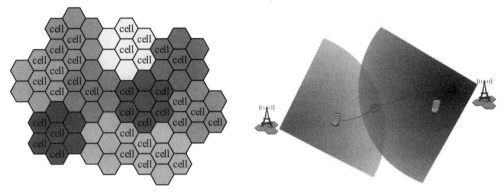

图 3.16　理想的蜂窝网络边界　　　　　　图 3.17　实际的蜂窝网络边界

UE 处在连接态的情况下，当源信号减弱到一定程度，而目标信号逐渐增强到一定程度时，可以在目标侧为用户预先建立承载资源。这样，UE 在源侧的连接被释放后，可以很快在目标侧建立连接，从而减少在目标侧申请资源时等待的时间。这种目标测预先准备资源的过程就是通常所说的切换。

切换过程由源基站发起。具体则是依据 UE 所上报的当前位置信号测量报告来确定是否发起切换流程，以及向哪个目标小区发起切换流程。根据源基站与目标基站间是否存在 Xn 接口，可将切换流程分为基于 Xn 接口的切换流程和基于 N2 接口的切换流程。两者之间除了切换控制消息路径不同，切换到目标基站后的剩余未转发数据的转发通道也不相同。

切换过程中，用户可能仍在进行数据或语音业务，同时终端设备从源基站切换至目标基站时存在部分空窗时间，且源基站在与 UE 断开 RRC 连接后无法向 UE 发送后续收到的下行报文，这将导致当前进行中的业务可能出现丢包情况。为避免对用户业务连续性的影响，移动性管理流程中还需提供报文转发机制以保障业务连续性。转发路径如图 3.18 所示，其中 gNodeB1 为源基站，gNodeB2 为目标基站。

(1) 源基站与目标基站间需建立直接或间接的报文转发通道；

(2) 源基站与 UE 间断开 RRC 连接后，通过上述报文转发通道将后续收到的报文转发至目标基站；

(3) 目标基站在与 UE 建立 RRC 连接后，将上述报文及本地所收到的报文一并发送至 UE。

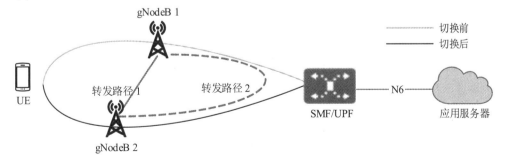

图 3.18　转发路径示意图

3.6.1　基于 Xn 接口的切换流程

基于 Xn 接口的切换(Handover)流程用于将 UE 从源 NG-RAN(Source NG-RAN)节点切换到目标 NG-RAN(Target NG-RAN)节点，切换过程中使用 Xn 接口。新的无线条件、负载均衡或特定的服务都可能触发切换流程。

基于 Xn 接口的切换流程如图 3.19 所示。该流程用于源 NG-RAN 与目标 NG-RAN 间存在 Xn 接口且 AMF 和 UPF 不改变时发起的切换场景。

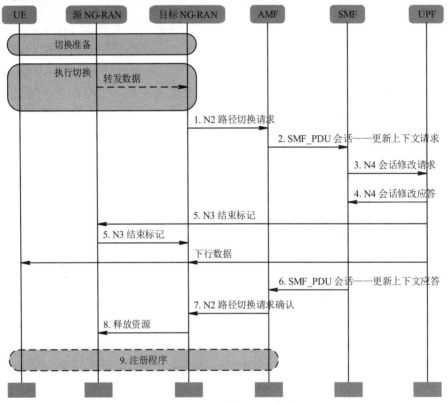

图 3.19　基于 Xn 接口的切换流程

1. N2 路径切换请求

目标 NG-RAN 给 AMF 发送"N2 Path Switch Request"消息，通知 AMF 用户已经移动到新的区域，并且提供需要切换的 PDU 会话列表。如果 PDU 会话的 QoS 流不被目标 NG-RAN 所接受或者目标 NG-RAN 不支持网络切片，则消息中会携带需要拒绝的 PDU 会话列表。

2. SMF_PDU 会话——更新上下文请求

AMF 给 SMF 发送"Nsmf_PDUSession_UpdateSMContext Request"消息，消息中携带 AN 的隧道信息。

3. N4 会话修改请求

SMF 给 UPF 发送"N4 Session Modification Request"消息，并提供 AN 隧道信息，以及通知 UPF 丢弃原始的 Data Notification 消息或者不再发送后续 Data Notification 消息。如果 SMF 分配了新的 CN 隧道信息，则需将其提供给 UPF。

4. N4 会话修改应答

UPF 回复"N4 Session Modification Response"消息给 SMF，通知 SMF PDU 会话修改已完成，并且将 CN 隧道信息携带给 SMF。如果 PDU 会话需要去激活，则 UPF 需要释放掉 N3 (R)AN 隧道信息。

5. N3 结束标记

为了保证目标 NG-RAN 数据包的顺序不混乱，在路径切换后，UPF 立即通过老的路径(即 UPF 到源 NG-RAN 的路径)发送一个或多个"end marker"数据包给源 NG-RAN，源 NG-RAN 再将数据包转发给目标 NG-RAN。下行数据包可以直接通过目标 NG-RAN 发送给 UE。

6. SMF_PDU 会话——更新上下文应答

SMF 给 AMF 回复"Nsmf_PDUSession_UpdateSMContext Response"消息，消息中携带 CN 隧道信息。

7. N2 路径切换请求确认

AMF 给目标 NG-RAN 回复"N2 Path Switch Request Ack"消息，消息中携带 N2 SM Information 以及 Failed PDU Sessions。

8. 释放资源

目标 NG-RAN 通过发送"Release Resources"消息给源 NG-RAN，确认切换成功，并触发源 NG-RAN 释放资源。

9. 注册程序

这一步可选，如果有触发注册流程的条件(参考注册流程)，UE 可能会发起移动性注册更新流程。

3.6.2　基于 N2 接口的切换流程

基于 N2 接口的切换流程用于将 UE 从一个源 NG-RAN 节点切换到一个目标 NG-RAN 节点，切换过程中使用 N2 接口。新的无线条件、负载均衡或特定的服务都可能触发切换流程。

当源 NG-RAN 与目标 NG-RAN 之间不存在 Xn 接口或基于 Xn 接口的切换失败(如目标 NG-RAN 与源 UPF 之间无 IP 连接)时，需要通过 N2 接口进行切换。基于 N2 接口的切换流程分为准备阶段和执行阶段，准备阶段主要完成目标侧的资源准备，执行阶段则完成路径切换。

准备阶段的主要工作是在源 NG-RAN 节点发起切换流程后完成目标侧核心网和无线网的资源分配，包括 SMF 选择新的目标 UPF 作为中间 UPF、目标 UPF 和 UPF(PSA)之间建立 N9 接口隧道、目标 NG-RAN 分配无线资源、目标 NG-RAN 和目标 UPF 之间建立 N3 接口隧道、目标 AMF 上建立 UE 上下文。

在执行阶段，源 NG-RAN 节点通知 UE 切换，UE 切换后，目标 NG-RAN 通知目标 AMF，目标 AMF 通知源 AMF，源 AMF 释放被拒绝切换的会话。目标 SMF 将目标 UPF 的信息通知 UPF(PSA)，完成下行数据通道的切换。切换完成后，后续一般还跟随注册流程，释放源 UPF 和源 NG-RAN 上面的资源，并释放间接数据转发隧道的资源。

基于 N2 接口的切换流程中，如果源 NG-RAN 向 SMF 指示源 NG-RAN 和目标 NG-RAN 之间存在直接转发路径，则 SMF 可以决定在切换流程中使用直接转发路径，即源 NG-RAN

将缓存的下行数据直接转发给目标 NG-RAN；否则要使用间接转发路径，即源 NG-RAN 通过源 UPF 和目标 UPF 将缓存的下行数据转发给目标 NG-RAN。

1. 准备阶段

如图 3.20 所示是基于 N2 接口的切换流程中的准备阶段。图中 S-AMF 表示源 AMF，T-AMF 表示目标 AMF，S-UPF 表示源 UPF，T-UPF 表示目标 UPF。

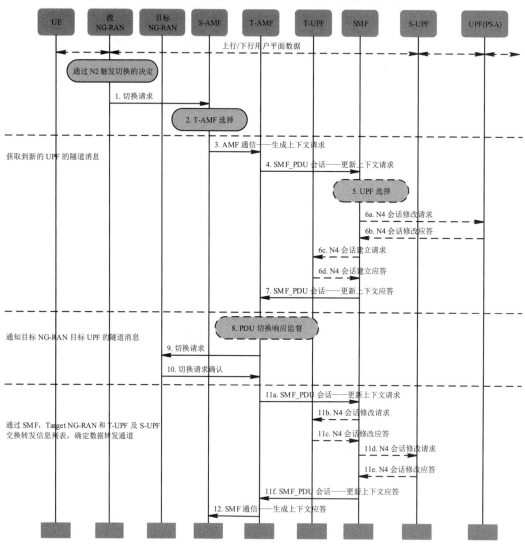

图 3.20　基于 N2 接口的切换流程中的准备阶段

1) 切换请求(从源 NG-RAN 到 S-AMF)

源 NG-RAN 发送 Handover Required 给源 AMF，通知有用户要进行切换。消息中携带 Direct Forwarding Path Availability，指示是否支持直接转发路径。如果支持直接转发路径，则源 NG-RAN 直接将下行数据转发给目标 NG-RAN。如果不支持，则需要建立间接转发隧道，间接转发隧道是指源 NG-RAN 通过 5G 核心网将下行数据转发给目标 NG-RAN。

2) T-AMF 选择

如果源 AMF 不能再服务 UE，则需选择一个可服务 UE 的目标 AMF。

3) AMF 通信——生成上下文请求

源 AMF 给目标 AMF 发送 "Namf_Communication_CreateUEContext Request" 消息，以发起切换资源分配流程。消息中包含用户的上下文信息和 N2 信息。如果源 AMF 和目标 AMF 是同一个 AMF，则不需要执行此步。

4) SMF_PDU 会话——更新上下文请求

对于源 NG-RAN 指示的每个 PDU 会话，目标 AMF 发送 "Nsmf_PDUSession_Update SMContext" 请求给关联的 SMF，建立目标 AMF 与 SMF 的联系，告知 SMF 需要切换的 PDU 会话 ID、目标 ID、N2 信息以及 T-AMF ID。PDU 会话 ID 表示 N2 切换的候选 PDU 会话。目标 ID 表示 UE 的位置信息。N2 信息包含 Direct Forwarding Path Availability。

5) UPF 选择

SMF 根据目标 ID 判断 UE 是否可以接受切换，以及 UE 是否移出了 UPF 的服务范围，从而决定是否选择新的 UPF。

6) N4 会话流程(从 SMF 到 UPF(PSA)、从 SMF 到 T-UPF)

如果 SMF 选择了一个新的 UPF 作为 PDU 会话的中间 UPF，则 SMF 需向 UPF(PSA) 更新 CN 隧道信息。

(1) 如果 SMF 选择了一个新的 UPF 作为 PDU 会话的中间 UPF，并且需要使用不同的 CN 隧道信息，则 SMF 向 UPF(PSA) 发送 "N4 Session Modification Request" 消息。当 CN 隧道信息由 SMF 分配时，SMF 提供 CN 隧道信息(N9)，以及需要安装在 UPF(PSA) 上的 CN 隧道信息(N9) 关联的上行报文检测规则。

(2) UPF(PSA) 向 SMF 发送 "N4 Session Modification Response" 消息。如果 UPF(PSA) 分配了 UPF(PSA) 的 CN 隧道信息(N9)，则向 SMF 提供 CN 隧道信息(N9)。UPF(PSA) 将 CN 隧道信息(N9) 与 SMF 提供的上行报文检测规则进行关联。

(3) 如果 SMF 为 PDU 会话选择了新的中间 UPF，即目标 UPF(T-UPF)，并且 CN 隧道信息由 T-UPF 分配，则向 T-UPF 发送 "N4 Session Establishment Request" 消息，提供 T-UPF 进行报文检测、执行和上报的规则。该 PDU 会话的 UPF(PSA) 的 CN 隧道信息(N9) 也提供给 T-UPF，用于建立 N9 隧道。

(4) 目标 UPF(T-UPF) 向 SMF 发送 "N4 Session Establishment Request" 消息，消息中携带下行 CN 隧道信息和上行 CN 隧道信息(即 N3 隧道信息)。SMF 启动定时器，释放源 UPF 的资源，该资源将在 "切换流程执行阶段" 的步骤 13a 中使用。

7) SMF_PDU 会话——更新上下文应答

SMF 给目标 AMF 回复 "Nsmf_PDUSession_UpdateSMContext Response"，消息中携带 PDU 会话 ID、N2 SM 信息。其中 N2 SM 信息包含了 N3 用户面地址、上行 CN 隧道 ID 和 QoS 参数。如果直接转发数据通道不可用，则 N2 SM 信息中还包括指示转发数据不可用的标识。如果在步骤 5 中没有接受 PDU 会话的 N2 切换，则 SMF 不会在响应消息中携带 PDU 会话的 N2 SM 信息，以避免在目标 NG-RAN 上建立无线资源。

8) PDU 切换响应监督

AMF 监控来自相关 SMF 的"Nsmf_PDUSession_UpdateSMContext"响应消息。等待切换候选 PDU 的最大延迟指示的最低值为 AMF 等待"Nsmf_PDUSession_UpdateSMContext"响应消息的最大时间。在最大等待时间超时或收到所有"Nsmf_PDUSession_UpdateSMContext"响应消息后，AMF 继续执行 N2 切换流程。

9) 切换请求(从 T-AMF 到目标 NG-RAN)

目标 AMF 根据目标 ID 确定目标 NG-RAN。目标 AMF 给目标 NG-RAN 发送 Handover Request 消息，请求建立无线侧网络资源。

10) 切换请求确认(从目标 NG-RAN 到 T-AMF)

目标 NG-RAN 回复 Handover Request Acknowledge 给目标 AMF，此时目标 NG-RAN 需做好接收分组数据单元的准备。消息中包括可切换的 PDU 会话列表和无法切换的 PDU 会话列表，可切换的 PDU 会话列表中每个 PDU 会话的 N2 SM 信息中包含目标 NG-RAN 的 N3 地址和隧道信息。

11) SMF 更新上下文请求与会话修改

SMF 与目标 NG-RAN、目标 UPF、源 UPF 间相互交互 SM N3 转发信息列表，确定数据转发通道。如果采用直接转发，则执行图 3.20 中步骤 11a 和步骤 11f；如果采用间接转发，依次执行图 3.20 中步骤 11a 到步骤 11f。

(1) 如图 3.20 中 11a 所示，T-AMF 给 SMF 发送"Nsmf_PDUSession_UpdateSMContext Request"消息，告知 SMF 目标 NG-RAN 的 N3 转发信息列表。

(2) 如图 3.20 中 11b 所示，SMF 通过发送 N4 Session Modification Request 给目标 UPF(T-UPF)，将目标 NG-RAN 的 SM N3 转发信息列表更新到目标 UPF(T-UPF)。如果源 NG-RAN 指示建立转发隧道，则 SMF 向目标 UPF(T-UPF)发送分配下行数据转发通道标识。

(3) 如图 3.20 中 11c 所示，目标 UPF 分配隧道信息，给 SMF 回复"N4 Session Modification Response"，消息中携带目标 UPF(T-UPF)的 SM N3 转发信息列表。

(4) 如图 3.20 中 11d 所示，SMF 给源 UPF 发送"N4 Session Modification Request"，告知目标 UPF 的 SM N3 转发信息列表，以及建立数据间接转发通道信息的指示。

(5) 如图 3.20 中 11e 所示，源 UPF 给 SMF 发送"N4 Session Modification Response"，消息中携带源 UPF 的 SM N3 转发信息列表。

(6) 如图 3.20 中 11f 所示，SMF 给目标 AMF 回复"Nsmf_PDUSession_UpdateSMContext Response"。消息中包含 N2 SM 信息，并且该信息中包含发送给源 NG-RAN 的下行转发隧道信息。

采用间接转发时，SMF 在消息中携带目标 UPF(T-UPF)或者源 UPF 的下行转发信息，其中包括 N3 UP Address 和 the DL Tunnel ID。

采用直接转发时，SMF 在消息中携带目标 NG-RAN 的 N3 转发信息。

12) SMF 通信——生成上下文应答

目标 AMF 发送"Namf_Communication_CreateUEContext Response"消息，将包含下行数据隧道信息的 N2 SM 信息携带给源 AMF。

2. 执行阶段

基于 N2 接口的切换流程中的执行阶段如图 3.21 所示。

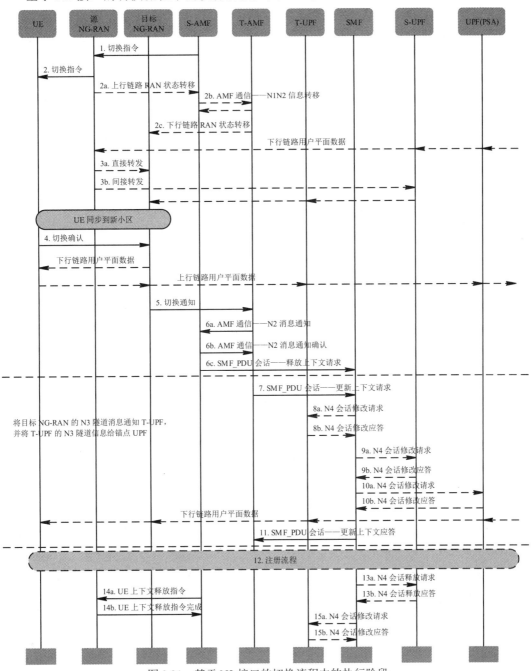

图 3.21　基于 N2 接口的切换流程中的执行阶段

1) 切换指令(从 S-AMF 到源 NG-RAN)

源 AMF 给源 NG-RAN 发送 Handover Command 消息，通知源 NG-RAN 已完成切换准备。消息中包括准备阶段从目标 NG-RAN 处获取的接受切换的 PDU 会话列表和拒绝切换的 PDU 会话列表，以及每个会话的 N2 SM 信息。如果是直接转发，SM 转发信息为目标 NG-RAN 的 N3 转发隧道信息；如果是间接转发，SM 转发信息为源 UPF 的 N3 转发隧道信息。

2) 切换指令(从源 NG-RAN 到 UE)

源 NG-RAN 把 Handover Command 消息发送到 UE。UE 收到这条消息后，将释放被目标 NG-RAN 所拒绝的 PDU 会话资源。

源 NG-RAN 向源 AMF 发送上行运行状态迁移消息。如果 UE 的所有无线承载都不应以 PDCP 状态保存处理，则源 NG-RAN 可以省略发送该消息。如果有 AMF 迁移，源 AMF 通过 "Namf_Communication_N1N2MessageTransfer" 业务操作发送给目标 AMF，并且目标 AMF 会向源 AMF 回复应答消息。源 AMF 或目标 AMF(如果 AMF 迁移)通过下行运行状态迁移消息将信息发送给目标 NG-RAN。

3) 数据转发

源 NG-RAN 通过直接转发通道或者间接转发通道将下行数据转发到目标 NG-RAN。

(1) 直接转发：源 NG-RAN 直接将下行数据转发给目标 NG-RAN。

(2) 间接转发：源 NG-RAN 将数据转发给源 UPF，源 UPF 转发给目标 UPF(T-UPF)，目标 UPF(T-UPF)再转发给目标 NG-RAN。

4) 切换确认

UE 成功同步到目标小区后，发送 Handover Confirm 消息给目标 NG-RAN，确认 UE 切换成功。上行数据经过 UE、目标 NG-RAN、目标 UPF(T-UPF)、UPF(PSA)进行发送，目标 NG-RAN 将缓存的下行数据发送给 UE。

5) 切换通知

目标 NG-RAN 发送 Handover Notify 消息到目标 AMF，通知目标 AMF，UE 已经位于目标小区，即已成功完成切换。

6) AMF 通信与 PDU 会话释放流程

目标 AMF 通知源 AMF 已经收到了 Handover Notify 消息，源 AMF 对没有成功接收的 PDU 会话发起会话释放流程。

(1) 目标 AMF 通过发送 "Namf_Communication_N2InfoNotify" 消息给源 AMF，通知源 AMF 从目标 NG-RAN 上收到了 Handover Notify 消息。源 AMF 启动一个定时器来监督源 NG-RAN 中资源的释放。

(2) 源 AMF 回复 "Namf_Communication_N2InfoNotify Ack"。

(3) 如果有 PDU 会话没有被目标 AMF 接收，则源 AMF 在收到步骤 6a 的"N2 Handover Notify" 后，向 SMF 发送 "Nsmf_PDUSession_ReleaseSMContext Request" 消息，以触发 PDU 会话释放流程。

7) SMF_PDU 会话——更新上下文请求

目标 AMF 给 SMF 发送 "Nsmf_PDUSession_UpdateSMContext Request" 消息，消息中携带每个 PDU 会话切换完成的标识，指示 N2 切换成功。

8) N4 会话修改(SMF 与 T-UPF 之间)

如果插入了新的目标 UPF(T-UPF)或者重新分配了一个中间 UPF，则执行此步骤。

(1) SMF 向目标 UPF(T-UPF)发送"N4 Session Modification Request"消息，指示目标 NG-RAN 的下行隧道信息。

(2) 目标 UPF(T-UPF)回复"N4 Session Modification Response"消息给 SMF。

9) N4 会话修改(SMF 与 S-UPF 之间)

如果没有重新分配 UPF，SMF 将向源 UPF 发送 N4 会话修改请求，指示目标 NG-RAN 的下行隧道信息。

(1) SMF 给源 UPF 发送"N4 Session Modification Request"消息，将目标 NG-RAN 的 DL AN 隧道信息携带源 UPF。

(2) 源 UPF 回复"N4 Session Modification Response"消息给 SMF。

10) N4 会话修改(SMF 与 UPF(PSA)之间)

SMF 给 UPF(PSA)发送"N4 Session Modification Request"消息，此步骤用于完成 UPF(PSA)到目标 NG-RAN 的路径切换。

(1) SMF 给 UPF(PSA)发送"N4 Session Modification Request"消息，将目标 NG-RAN 的 N3 AN 隧道信息或者目标 NG-RAN 的 DL AN 隧道信息携带给 UPF(PSA)。

(2) UPF(PSA)回复"N4 Session Modification Response"消息给 SMF。为了协助目标 NG-RAN 中的重排序功能，UPF(PSA)在切换路径后立即向旧路径上的每个 N3 隧道发送一个或多个"结束标记"报文。源 NG-RAN 将"结束标记"报文转发给目标 NG-RAN。此时，UPF(PSA)如果插入新的目标 UPF(T-UPF)或重新分配一个已有的中间源 UPF，则通过目标 UPF(T-UPF)向目标 NG-RAN 发送下行数据包。

11) SMF_PDU 会话——更新上下文应答

SMF 回复"Nsmf_PDUSession_UpdateSMContext Response"给目标 AMF，确认收到了 Handover Complete，即完成切换流程。如果采用间接数据转发，则 SMF 启动间接数据转发定时器，用于释放间接数据转发隧道的资源。

步骤 12~15 属于切换后续的注册流程和转发通道释放流程。

12) 注册流程

UE 发起移动性注册更新流程，详细介绍请参考注册流程，其中步骤 4、5 和 10 需要跳过。

13) N4 会话释放(SMF 与 S-UPF 之间)

如果存在源 UPF，SMF 给源 UPF 发送"N4 PFCP Session Deletion Request"，以释放资源和删除间接转发通道。

(1) 步骤 6 的定时器或步骤 11 中间接数据转发定时器超时后，SMF 给源 UPF 发送"N4 PFCP Session Deletion Request"，以释放资源和删除间接转发通道。

(2) 源 UPF 回复"N4 PFCP Session Deletion Response"消息，确认资源和间接转发通道已经释放。

14) UE 上下文释放(从 S-AMF 到源 NG-RAN)

源 AMF 通知源 NG-RAN 释放无线侧资源。

(1) 当 6a 步骤中定时器超时后，源 AMF 给源 NG-RAN 发送"UE Context Release Command"消息，以释放无线侧资源。

(2) 源 NG-RAN 释放资源后，回复"UE Context Release Complete"给源 AMF。

15) N4 会话修改(SMF 与 I-UPF 之间)

SMF 通知目标 UPF(T-UPF)释放间接转发资源。

(1) 当间接转发承载定时器超时后，SMF 发送"N4 Session Modification Request"给目标 UPF(T-UPF)，以释放间接转发资源。

(2) 目标 UPF(T-UPF)确认释放间接转发资源后，给 SMF 回复"N4 Session Modification Response"。

3.7　UE 配置更新流程

UE 的配置可以由网络侧随时发起，UE 配置内容包括：

(1) AMF 决定和提供的接入和移动性管理相关参数，包括配置的 NSSAI 及其与签约 S-NSSAI 的映射，允许的 NSSAI 及其与签约 S-NSSAI 的映射。

(2) PCF 提供的 UE 策略。

当 AMF 想改变 UE 的接入和移动性管理相关参数配置时，AMF 会发起 UE 配置更新流程。当 PCF 希望在 UE 中改变或提供新的 UE 策略时，PCF 将发起 UE 配置更新流程。

如果 UE 配置更新流程要求 UE 发起注册流程，AMF 会显式地向 UE 指示。

UE 配置更新流程如图 3.22 所示。AMF 发起的 UE 配置更新流程也用于触发 UE 进行移动性注册更新，比如 MICO 参数被修改，连接态的 UE 立即发起移动性注册更新流程并与网络侧进行协商，或者允许的 NSSAI 参数被修改，UE 在进入空闲态之后会发起移动性注册更新流程并进行参数协商。如果注册流程是必须的，AMF 会在 UE 配置更新流程中向 UE 指示。

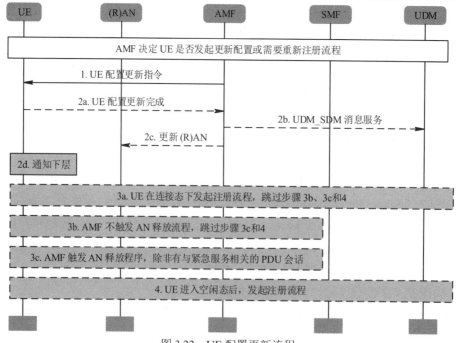

图 3.22　UE 配置更新流程

另外，AMF 会在发起的 UE 配置更新流程中向 UE 指示 UE 是否应确认。例如，AMF 修改 UE 的 NAS 参数(如 NSSAI 信息、5G-GUTI、TAI List、移动性限制、MICO)时就需要 UE 确认，而修改网络标识和时区(Network Identity and Time Zone，NITZ)参数时就不需要 UE 确认。

AMF 根据各种因素(如 UE 移动性变化、网络策略、从 UDM 处接收到用户数据更新通知、网络切片配置改变)来决定是否需要发起 UE 配置更新流程以及 UE 是否需要发起注册流程。如果此时 UE 处于 CM-Idle 状态，则 AMF 可以等待 UE 进入连接态，或者直接发起网络触发的服务请求流程，使得 UE 进入连接态，然后再发起 UE 配置更新流程，AMF 的行为取决于网络实现。

1. UE 配置更新指令

AMF 发送"UE Configuration Update Command"消息给 UE，进行 UE 配置参数的更新。命令消息中包含一个或多个 UE 参数，比如配置更新指示、5G-GUTI、TAI 列表、允许 NSSAI、允许 NSSAI 与签约 S-NSSAI 的映射、服务 PLMN 配置 NSSAI、配置 NSSAI 与签约 S-NSSAI 的映射、拒绝 S-NSSAI、NITZ、移动性限制、LADN 信息、MICO、运营商定义的接入类别定义。

另外，AMF 可以包括在命令消息中包含配置更新指示参数，指示网络切片签约是否发生变化、UE 是否应确认命令消息、是否需要发起请求注册流程。如果 AMF 指示网络切片签约变更，则 UE 本地擦除所有 PLMN 的网络切片配置，然后根据接收到的信息更新当前 PLMN 的配置。除此之外，UE 还应确认此命令消息。

2. AMF 处理 UE 配置更新

UE 根据 UE 配置更新指令中的指示对指令消息进行确认，AMF 收到 UE 的确认消息后对 UDM 进行网络切片签约变化的确认，并将新 5G-GUTI 中 UE 标识索引值传递给(R)AN。

(1) 如果配置更新指令中指示 UE 要确认指令消息，那么 UE 应该向 AMF 发送"UE Configuration Update Complete"消息。除非只修改 NITZ 参数的场景，否则 AMF 都会请求 UE 对配置更新指令进行确认。如果 UE 不需要发起注册流程，则跳过步骤 3a、3b、3c 和 4。如果配置更新指令中的配置更新指示参数包括需要发起注册流程的指示，则 UE 应根据配置更新指令中包含的 NAS 参数，执行步骤 3a 或 3b 或 3c 和 4。

(2) 如果配置更新指令中指示网络切片签约发生变化，则 AMF 还需要使用"Nudm_SDM_Info"服务操作向 UDM 确认，表示 UE 收到网络切片签约变更指示，并对其进行处理。

(3) 如果 AMF 在 3GPP 接入上重新配置了 5G-GUTI，AMF 在步骤 2a 收到 UE 的确认消息后，会通知(R)AN 新的 UE 标识索引值(来自新的 5G-GUTI)。

(4) 如果 UE 在步骤 2a 中配置了新的 5G-GUTI，那么 UE 将新的 5G-GUTI 传递给 3GPP 接入的下层，向 UE 的 RM 层指示配置更新完成，消息在无线接口上传输成功。

3. 配置流程判断

根据配置更新指令携带的参数不同，UE 可能在连接态就立即发起注册流程和更新网络侧协商参数，或者 AMF 立即释放 UE 的 NAS 信令连接，令 UE 进入空闲态后立即发起注册流程并更新协商参数，或者 UE 直到下次注册流程时再协商参数。

(1) 如果配置更新指令只包含不需要 UE 进入 CM-Idle 状态就可以修改的 NAS 参数(如

MICO 参数)，则 UE 在确认配置更新指令后立即发起注册流程，重新与网络侧协商更新的 NAS 参数。随后步骤 3b、3c 和步骤 4 可直接省略。

(2) 如果 AMF 向 UE 提供的新允许的 NSSAI/允许 NSSAI 的新映射关系/新配置的 NSSAI 不影响现有切片(即 UE 连接的 S-NSSAI)的连续性，则 AMF 在接收到步骤 2a 中的确认后，不需要释放 UE 的 NAS 信令连接，也不需要 UE 立即发起注册流程。UE 可以立即使用新允许的 NSSAI/新的允许 NSSAI 的映射，但是 UE 不能连接到那些属于新配置的 NSSAI 范围但是不属于新允许的 NSSAI 范围内的 NSSAI，直到 UE 执行注册流程，并根据新配置的 NSSAI 携带请求的 NSSAI。随后跳过步骤 3c 和步骤 4。

(3) 如果 AMF 向 UE 提供的新允许的 NSSAI/允许 NSSAI 的新映射关系/新配置的 NSSAI 影响到现有网络切片的连通性，那么 AMF 还包括在 UE 配置更新指令消息中携带新的允许 NSSAI 以及映射关系。如果 AMF 不能在签约的 S-NSSAI 更新后确定新允许的 NSSAI，则 AMF 不会在 UE 配置更新指令消息中包含任何允许 NSSAI。AMF 在配置更新指令中包括 UE 发起注册流程的指示，在步骤 2a 中收到确认后，AMF 应释放 UE 的 NAS 信令连接，除非有一个或多个已建立的与紧急服务相关联的 PDU 会话。

4. UE 进入空闲态后，发起注册流程

UE 进入 CM-Idle 态后发起适当的注册流程，并且接入层信令中不包含 5G-S-TMSI 或 GUAMI。如果有已建立的与紧急业务相关的 PDU 会话，且 UE 已经收到指示进行注册流程，则只有释放了与紧急业务相关的 PDU 会话后，UE 才能发起注册流程。

本 章 小 结

本章内容涉及 5G 网络移动性管理，先介绍了移动性管理流程和用户标识，然后重点阐述了注册与连接状态管理、移动性管理机制、注册管理流程、连接管理流程、切换流程和用户配置更新流程。通过本章的学习，可以掌握 5G 网络移动性管理的流程和机制，有助于进一步学习 5G 核心网信令流程。

第 4 章 5G 会话管理

4.1 会话管理概述

 5G 系统中会话管理的核心内容是用户与外部数据网络维护一个 PDU 会话，进行数据业务交换。PDU 会话表示 UE 经 AN、UPF 后和 DN 之间的逻辑连接。5G 网络管理 PDU 会话的建立、修改和释放过程，在这个过程中，网络维护(分配、修改和释放)PDU 会话的用户面传输资源，UE 和数据网络之间的报文通过该 PDU 会话的用户面传输资源传输，并实现 QoS 保障。QoS 保障通过 QoS 流(QoS Flow)来实现，而 QoS 流的建立、修改、删除对应地通过会话管理相关流程完成。

4.2 会话管理的控制网元

 如图 4.1 所示，在 4G 网络中会话管理功能由 MME、S-GW/P-GW 共同完成；在 5G 网络中 SMF 聚合了 MME 中的会话管理模块以及 S-GW/P-GW 的控制面功能，会话管理由 SMF 网元集中完成。

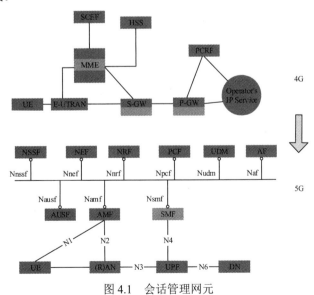

图 4.1 会话管理网元

通过后续第 5 章 5G 服务质量管理专题我们可以了解到，QoS 通过 QoS 流来实现，而 QoS 流的建立、修改、删除则通过会话管理流程完成。5G 会话管理针对网络架构以及其承载的业务种类变化，对应地进行了优化和扩展。

4.3 4G 和 5G 会话管理的差异

4G 和 5G 会话管理基本概念的对比如表 4.1 所示。

表 4.1 4G 和 5G 会话管理基本概念

基本概念	4G	5G
数据通道	PDN 连接	PDU 会话
会话管理对象	EPS 承载	QoS 流
QoS 控制粒度	EPS 承载	QoS 流

4G 网络中，一个 UE 可以通过同时创建多个分组数据网络(Packet Data Network，PDN)连接来访问不同的 PDN；而 5G 网络通过同时创建多个 PDU 会话来访问不同的数据网络。4G 中接入点名称(Access Point Name，APN)、PDN 连接、承载、PDN 之间的关系，以及 5G 网络中数据网络名称(Data Network Name，DNN)、PDU 会话、QoS 流、数据网络(Data Network，DN)之间的关系如图 4.2 所示。

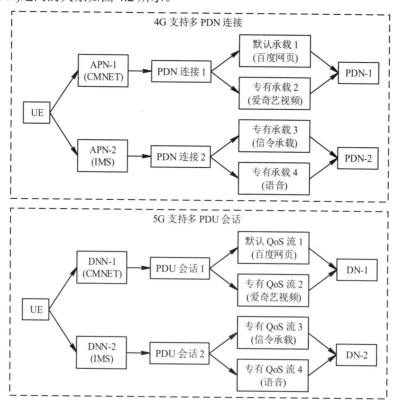

图 4.2 会话管理概念对比

4G 和 5G 会话管理的主要特点如下：

(1) 在 4G 网络场景下，UE 附着完成之后会建立一个默认承载，该承载提供永久的 IP 连接。当默认承载不能满足业务需求时，会建立对应的专有承载。而在 5G 网络场景下，在 UE 注册到 5G 网络后，不强制建立一个"默认承载"，根据业务需求可以选择建立/不建立 PDU 会话。这样移动性管理和会话管理可以更好地解耦；而且在 NB-IoT 场景下，终端很长时间才和网络交互一次，一直维持着一个默认的 QoS 流也是对资源的损耗。

(2) 4G 网络中以承载粒度执行 QoS 控制，5G 网络中以 QoS 流粒度执行 QoS 控制。5G 中有默认 QoS 流，类似于 4G 中的默认承载。与 4G 中 PDN 连接和承载的关系一样，一个 PDU 会话可以由多个 QoS 流进行控制，当默认 QoS 流不满足业务需求时，可建立专有 QoS 流保障业务质量。

4.4　会话管理的流程

以手机上网为例，通过 Internet 可访问相关的网页、视频，畅游互联网世界，这个过程中必须建立手机与 Internet 之间相应的数据通道，以传递数据包，保证业务端到端的传输质量，这些都需要通过 PDU 会话(以下简称为会话)管理流程实现。

4.4.1　会话建立

PDU 会话建立流程用于创建新的 PDU 会话。在 PDU 会话创建成功后，网络为 UE 分配 IP 地址，并且建立 UE 到 DN 的专用通道，UE 可使用该 IP 地址访问位于 DN 上的业务，PDU 会话建立流程也可用于会话的跨系统(4G 与 5G)切换。会话建立的流程如图 4.3 所示。

1. 会话建立请求

UE 请求建立 PDU 会话，消息中携带切片信息、DNN、SSC 模式、PDU 类型及 RAN 封装 UE 位置。若该流程用于跨系统切换或者 Non-3GPP 系统间的切换，则该消息还应携带"Existing PDU Session"指示。

2. SMF 选择

AMF 根据切片信息、DNN 等信息为 PDU 会话建立选择 SMF。若请求消息携带"Existing PDU Session"指示，则 AMF 根据 UDM 中保存的 PDU 会话 ID(或 DNN)与 SMF 间的对应关系选择 SMF。

3. 建立会话上下文

AMF 向选择的 SMF 请求建立会话上下文。

4. 注册与订阅

SMF 从 UDM 中获取会话相关的签约数据，也可向 UDM 订阅数据，例如签约数据变更事件。

5. 二次认证

二次认证授权过程，参见 4.4.2 节的二次认证/鉴权。

6. PCF 和 UPF 选择

SMF 根据 DNN、S-NSSAI、UE 位置等信息选择 PCF 和 UPF。

7. 获取策略

SMF 与 PCF 之间建立会话管理策略连接，SMF 将 UE 的 IP 地址上报给 PCF，并从 PCF 获取会话策略规则。

8. 创建 N4 会话

SMF 与 UPF 之间建立 N4 会话，UPF 分配上行隧道信息并通知给 SMF。

9. 上行隧道信息

SMF 将上行隧道信息通过 AMF 发送给 RAN。

10. 空口资源分配

RAN 确认分配空口资源(包括下行隧道信息)，并将会话接收消息发送给 UE。至此，UE 可以发送上行数据。

11. 下行隧道信息

RAN 将下行隧道信息通过 AMF 和 SMF 发送给 UPF。至此，UE 可以接收到下行数据。

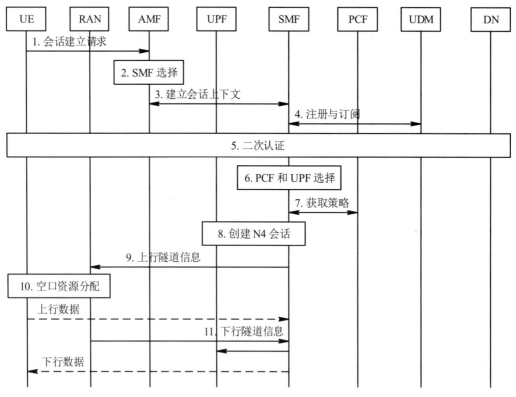

图 4.3　会话建立流程

4.4.2　二次认证/鉴权

4G 只支持基于用户名和密码的简单认证方式；在 5G 中，UE 和 DN 间的认证可以采用更复杂的认证协议,具体采用什么协议由 UE 和 DN 协商。在 PDU 会话建立过程中,SMF 根据策略,判断 DN 是否需要对 PDU 会话进行认证/鉴权,如果认证/鉴权失败,则 SMF 拒绝 PDU 会话建立流程。在认证/鉴权过程中,SMF 与 DN 间的认证信令需经过 UPF 转发,相应的流程如图 4.4 所示。

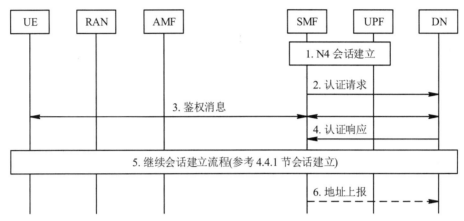

图 4.4　二次认证/鉴权流程

1. N4 会话建立

SMF 选择 UPF 并建立 N4 会话资源,用于传递 SMF 与 DN 间的认证信令。

2. 认证请求

SMF 根据 UE 提供的 SM PDU DN 请求容器(Request Container)和本地配置找到对应的 DN-AAA 服务器,发送认证请求。

3. 鉴权消息

DN-AAA 收到请求消息后,发送鉴权消息给 SMF(经过 UPF 透传),SMF 再将该消息通过协议配置选项(Protocol Configuration Options,PCO)发送给 UE。UE 回复鉴权信息给 SMF,SMF 再发送给 DN-AAA(UPF 透传)。

4. 认证响应

若认证通过,则 DN-AAA 可以发送认证通过消息给 SMF。这一步是可选的,DN-AAA 可分配 IP 地址并发送给 SMF。针对以太类型的会话,DN-AAA 可将 UE 可用的 MAC 地址列表发送给 SMF。

5. 继续会话建立流程

参考 4.4.1 节会话建立。

6. 地址上报

SMF 将 UE 的 IP 地址上报给 DN-AAA,这一步是可选的。

4.4.3　会话修改

UE 或网络侧发起会话修改请求,用于请求修改(新增、修改、删除)会话的某个或多个 QoS 参数。在 5G 中,会话修改是按照 QoS 流粒度进行的,相应的流程如图 4.5 所示。

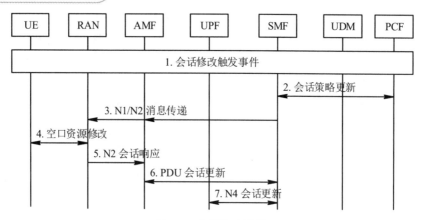

图 4.5　会话修改流程

1. 会话修改触发事件

会话修改触发事件包括：

(1) UE 发起会话修改请求(消息中携带 PDU 会话 ID 和请求 QoS)；

(2) PCF 给 SMF 下发新的策略信息；

(3) UDM 通知 SMF 签约信息变更；

(4) SMF 根据本地配置或 RAN 发起的指示来决定是否发起会话修改流程。

2. 会话策略更新

SMF 向 PCF 请求会话策略信息，SMF 与 PCF 进行会话管理策略的更新，这一步是可选的。

3. N1/N2 消息传递

SMF 向 AMF 发送 N1/N2 消息，AMF 向 RAN 发送 N1/N2 消息。其中，N2 消息(包括 PDU 会话 ID、QFI、QoS 配置文件、Session-AMBR 等)是发送给 RAN 的，N1 消息(包括 PDU 会话 ID、QoS 规则等)是发送给 UE 的。

4. 空口资源修改

RAN 根据接收的 N2 消息发起空口资源修改流程。如果 RAN 收到 N1 消息，则需将 N1 消息发送给 UE。

5. N2 会话响应

RAN 将接受/拒绝的 QoS 流标识(QoS Flow Identifier，QFI)通知给 AMF。

6. PDU 会话更新

AMF 调用 SMF 的会话更新服务，将接受/拒绝的 QFI 通知给 SMF。

7. N4 会话更新

更新 UPF 上对应会话的相关 QoS 参数/转发规则。

4.4.4　有选择的会话去激活

有选择的会话去激活流程用于删除特定会话对应的 N3 隧道，释放对应的空口和 5GC

资源，但需保持 AMF、SMF 等网元的控制面信令连接，将会话从激活状态变成非激活状态，其流程如图 4.6 所示。

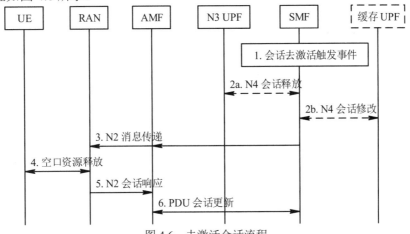

图 4.6　去激活会话流程

1. 会话去激活触发事件

SMF 决定去激活某个会话。触发事件包括：

(1) UPF 检测到某个会话一定时间内没有数据传输并将其通知给 SMF；

(2) AMF 检测到 UE 移出了 LADN 服务区域/允许区域并将其通知给 SMF；

(3) 切换流程中，目标 RAN 拒绝某些会话的 QoS 流，导致会话切换失败。

2. N4 会话释放及修改

释放 N3 终端 UPF(假如该会话有两个 UPF 服务，即包含 N3 终端 UPF 和 N6 终端 UPF，此时缓存 UPF 为 N6 终端 UPF)或释放 N3 终端 UPF 上保存的 RAN 下行隧道信息(假如该会话仅有一个 UPF 服务，即该 UPF 既是 N3 终端 UPF，又是 N6 终端 UPF)。假如该会话有两个 UPF 服务，在释放 N3 终端 UPF 后，SMF 还通知 N6 终端 UPF 释放保存的 CN 下行隧道信息。

3. N2 消息传递

SMF 向 AMF 发送 N2 消息(PDU Session ID，N2 资源释放请求)。

4. 空口资源释放

RAN 根据接收的 N2 消息发起空口资源释放流程。

5. N2 会话响应

RAN 通知 AMF 资源释放完成。

6. PDU 会话更新

AMF 对步骤 3 中的消息进行响应，调用 SMF 的会话更新服务。

4.4.5　会话释放

当 UE 不再访问对应业务时，需要释放会话相关的所有资源，包括给 UE 分配的 IP 地址以及用户面资源，相应的流程如图 4.7 所示。

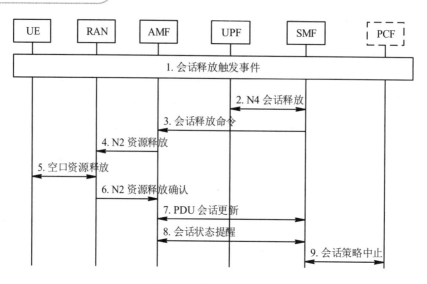

图 4.7　会话释放流程

1. 会话释放触发事件

会话释放的触发事件可以是：

(1) UE 发起会话释放请求(PDU Session ID)；

(2) PCF 根据策略触发；

(3) AMF 触发(比如 AMF 检测到 UE 和 AMF 的会话状态不同步)；

(4) SMF 触发(比如收到 AMF 的通知，UE 已经移出 LADN；从 UDM 收到签约数据变更)；

(5) RAN 触发(比如当 RAN 上 PDU 会话的相关资源被释放时)。

2. N4 会话释放

SMF 通知 UPF 释放会话资源，包括 CN 下行隧道信息、转发规则、IP 地址等。

3. 会话释放命令

SMF 向 AMF 发送 N1、N2 消息(包括 PDU Session ID、PDU Session 释放指令、N2 资源释放请求)。

4. N2 资源释放

AMF 通过 N2 消息将从 SMF 获取的 N1/N2 信息发送给 RAN。

5. 空口资源释放

RAN 将 N1 信息发送给 UE，并根据接收的 N2 消息发起空口资源释放流程。

6. N2 资源释放确认

RAN 向 AMF 发送确认消息，通知 AMF N2 资源释放完成。

7. PDU 会话更新

AMF 调用 SMF 的会话更新服务，通知 SMF N2 资源释放完成。

8. 会话状态提醒

SMF 通知 AMF 该会话的上下文释放完毕。

9. 会话策略中止

SMF 发起与 PCF 之间的会话管理策略中止流程。

4.5　会话和业务连续性

4G 网络提供 IP 连续性，5G 网络中，业务场景更加多样，为了满足不同业务对连续性的不同要求，5G 系统支持三种不同的会话和业务连续性(Session and Service Continuity, SSC)Mode，分别为 Mode1、Mode2、Mode3。一个 PDU 会话的 SSC Mode 在该会话的生命周期里保持不变。当已有的 PDU 会话的 SSC Mode 不满足应用要求时，UE 会为应用建立新的 PDU 会话，新的 PDU 会话使用不同的 SSC Mode。

4G 网络中的 PDN 连接支持 SSC Mode 1。对于 SSC Mode 1 的 PDU 会话，UE 的 IP 地址与服务 UE 的 UPF 保持不变，如图 4.8 所示。SSC Mode 1 既能保障 IP 连续性，又能保证业务连续性，但可能导致访问时延较大，适用于 IMS 语音等对业务连续性有高要求的应用。

图 4.8　SSC Mode 1

5G 中新增了 SSC Mode 2 和 SSC Mode3，目的是根据不同会话的业务需求(例如对会话中断时延的要求)，在保证业务连续性的同时，进一步提升用户面路径的效率和保证低时延业务的体验，允许终端移动时切换 UPF 和数据路径，提供更灵活的会话重建或切换方案。对于 SSC Mode 2/3 的会话，UE 的 IP 地址与服务 UE 的 UPF 发生改变，如图 4.9 所示。

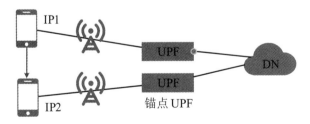

图 4.9　SSC Mode 2/3

伴随着 UPF 的迁移，SSC Mode 2/3 保持业务连续性的流程处理相比 SSC Mode1 则更为复杂。

运营商可以向 UE 提供 SSC Mode 选择策略，此策略包括一个或多个 SSC Mode 选择规则，UE 可以使用这些规则来确定与应用关联的 SSC Mode 类型。SMF 可以和 UDM 交互，从而获取会话粒度的签约信息，比如允许的 SSC Mode 和缺省的 SSC Mode。策略中可以包括一个缺省的 SSC 模式选择策略规则，这个规则可以匹配 UE 的所有应用。

4.5.1　SSC Mode 2 会话切换

当 SMF 确定提供服务的 UPF 需要改变(如当前用户面路径不是最优路径)时，SMF 会在请求 UE 释放原 PDU 会话后，再立即重新建立一个新的到相同 DN 的 PDU 会话，SMF 为重新建立的 PDU 会话选择新的 UPF。这种先断后连的模式既不能保障 IP 连续性，又不能保证业务连续性，适用于缓存类的视频业务等对于业务连续性要求不高，允许业务出现短暂中断的应用。SSC Mode2 会话切换的具体实现流程如图 4.10 所示。

1. SMF 确定 UPF 需要做迁移

SMF 检测到当前用户面路径不是最优的，确定服务 UPF 需要改变。

2. 会话释放流程(与 UPF1 相关的会话)

SMF 发送给 UE 的释放会话命令里携带需要释放的会话的 ID，并携带一个重建会话的原因值以指示 UE 立即新建一个到相同 DN 的会话。

3. 会话建立流程(与 UPF2 相关的会话)

UE 收到 PDU 会话释放命令后，会生成一个新的 PDU 会话 ID，并启动 PDU 会话建立流程，SMF 为重新建立的 PDU 会话选择新的 UPF(即 UPF2)，参考 4.4.1 节会话建立。

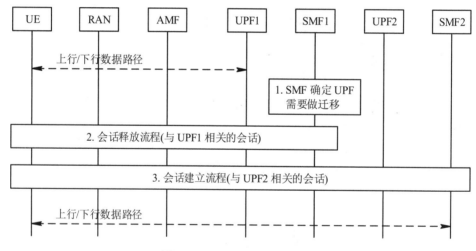

图 4.10　SSC Mode 2 会话切换

4.5.2　SSC Mode 3 会话切换

当 SMF 决定需要切换会话路径(如 UE 移动导致原会话的用户面路径不是最优路径)时，SMF 会先请求 UE 重新建立一个新的到相同 DN 的 PDU 会话，然后为重新建立的 PDU 会话选择新的 UPF，并在定时器到时或与该 DN 相关的业务流已转移到新会话上后，请求 UE 释放原 PDU 会话。这种先连后断的模式不能保障 IP 连续性，但能保证业务连续性，适用于对 IP 改变不敏感但对连续性有要求的应用。SSC Mode 3 会话切换的具体实现流程如图 4.11 所示。

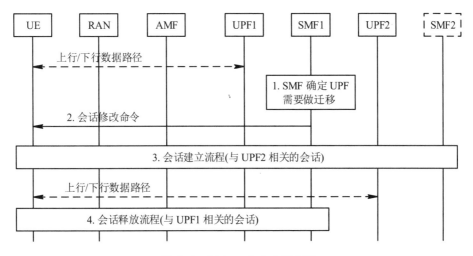

图 4.11　SSC Mode 3 会话切换

1. SMF 确定 UPF 需要做迁移

SMF 检测到当前用户面路径不是最优的，确定服务 UPF 需要改变。

2. 会话修改命令

SMF 给 UE 发送会话修改命令，并携带需要释放的会话的 ID 以及旧会话保持时间，另外发送一个重建会话的指示信息以指示 UE 立即新建一个到相同 DN 的会话。

3. 会话建立流程(与 UPF2 相关的会话)

在旧会话保持时间定时器超时之前，UE 不会释放旧会话。UE 生成一个新的 PDU 会话 ID，并启动 PDU 会话建立过程，SMF 为重新建立的 PDU 会话选择新的 UPF(即 UPF2)，参考 4.4.1 节会话建立。

4. 会话释放流程(与 UPF1 相关的会话)

旧会话保持时间定时器超时后，释放旧的会话，或在旧会话保持时间定时器超时之前，UE 已经将所有该 DNN 相关的业务流转到新的会话上，也可提前触发释放旧的会话。

4.6　业务本地分流

4.6.1　本地业务分流简介

5G 网络中，可根据业务场景需要选择用户面网关功能的部署位置，实现分布式部署。用户面网关功能既可以部署于中心 DN，又可以部署于本地 DN，甚至可以部署在更靠近用户的边缘 DN，这取决于垂直行业对网络的要求，如时延、带宽、可靠性等。譬如在低时延场景中(如自动驾驶)，用户面 UPF 需要更靠近用户，因此可部署在边缘位置，实现下沉式部署。应用也可以更加灵活地选择部署位置，通过此方式，5G 网络可实现应用和网络的联动，网络根据应用、UE 位置等信息制定分流策略，实现业务动态分流。通过将本地业务卸载在本地部署的服务器,集中数据业务分流到集中数据服务器,实现业务路径最优选择,避免流量在远端迂回,实现灵活的网络路径选择。此外,通过将本地业务卸载在本地部署的服务器,可以有效提升数据的安全性与隐私性。

对于使用网络的用户而言,本地业务分流极大地提升了便捷性。这有点像快递物流,商家发货后,本地的分拣中心会根据目的地远近,将包裹分发给不同的物流中心,以完成快递业务,如图 4.12 所示。

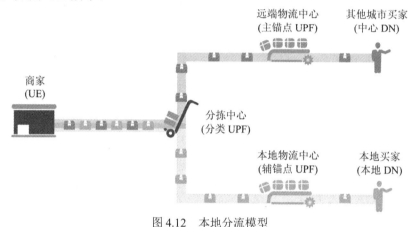

图 4.12　本地分流模型

4.6.2　本地分流架构

为支持用户同时访问本地边缘性/区域性下沉业务和中心集中数据业务(如 Internet),5G引入用户面 ULCL(Uplink Classifier)和 Multi-homing 两种分流架构,对业务数据进行分流,如图 4.13 和图 4.14 所示。

ULCL 分流架构如图 4.13 所示,在会话的用户面路径上加入上行分类器(Uplink Classifier, ULCL),ULCL 按分流规则将数据包通过 PDU 会话锚点 2 发送到本地网络,或者通过 PDU 会话锚点 1 发送到中心网络。对于插入 ULCL 的会话,UE 只有一个 IP 地址,UE 不感知 ULCL 的插入,ULCL 根据目的地址确定上行包的分流方向。

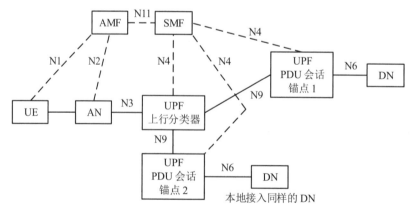

图 4.13　ULCL 分流架构

Multi-homing 分流架构如图 4.14 所示,在会话的用户面路径上加入分支点(Branching

Point，BP)，BP 按分流规则将数据包通过 PDU 会话锚点 2 发送到本地网络，或者通过 PDU 会话锚点 1 发送到中心网络。对于插入 BP 的会话，对应多个 PDU 会话锚点(PDU Session Anchor，PSA)，UE 有多个 IP 地址，UE 可以感知 BP 的插入，UE 在发送上行数据时，需要封装不同源地址的数据包，BP 根据源地址确定上行包的分流方向。

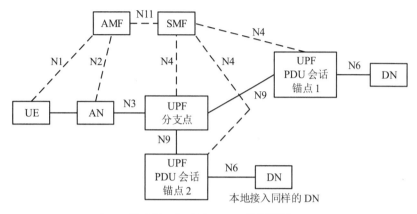

图 4.14　Multi-homing 分流架构

本 章 小 结

　　本章先介绍了会话管理的控制网元、4G 和 5G 会话管理的差异，然后重点阐述了会话管理的流程，此外还介绍了会话和业务连续性，以及业务本地分流的架构。通过本章的学习，可以帮助读者深入理解 5G 会话管理，认识 5G 核心网的处理流程。

第 5 章   5G 服务质量管理

5.1   服务质量概述

服务质量(Quality of Service，QoS)描述了一组服务需求，网络必须满足这些需求才能确保数据传输的适当服务级别。QoS 管理是网络满足业务服务质量要求的控制机制，通过将各种业务数据建立在合适的服务质量流(QoS Flow)上，允许不同业务不平等地竞争有限的网络资源，以实现差异化的体验保障和服务质量。QoS 管理的策略主要包括以下两个方面：

(1) 保障单个用户的服务质量。

对于小区里的单个用户，将用户数据承载在合适的服务质量流上，并配置相应的参数，以保证该用户的服务质量。

(2) 提供多个用户之间的差异化服务。

对于小区里的所有用户，在不同用户不同业务数据之间进行资源协调，实现差异化服务，即使用有限的系统资源服务更多用户的需求，并提供与用户要求相匹配的服务，使系统容量最大化。

基于 5G 网络的 QoS 架构，运营商可以向用户提供用户粒度、会话粒度以及 QoS Flow 粒度的差异化 QoS 保障。

5.2   QoS 框架

在 5G 网络中，QoS Flow 是 PDU 会话中进行端到端控制的最小粒度，可以是保证带宽 QoS Flow(Guaranteed Bit Rate QoS Flow，GBR QoS Flow)，也可以是非保证带宽 QoS Flow(Non-Guaranteed Bit Rate QoS Flow，Non-GBR QoS Flow)。每个 QoS Flow 具有 PDU 会话内唯一的服务质量流标识(QoS Flow Identifier，QFI)。在具体的 PDU 会话中，相同 QFI 所对应的用户面数据包在传输时具有相同的处理要求(如调度、准入门限等)。

5G 网络的 QoS 框架如图 5.1 所示。在 5G 网络中，每个 UE 可以建立一个或多个 PDU 会话，且每个 PDU 会话中至少存在一个 QoS Flow。NG-RAN 可以为每个 QoS Flow 建立一个数据无线承载(Data Radio Bearer, DRB)，还可以基于 NG-RAN 的逻辑将一个以上的 QoS

Flow 合并到同一个数据无线承载中，即 QoS Flow 与 DRB 的映射关系可以是 $1:1$ 或是 $N:1$，具体依赖于 NG-RAN 自身的逻辑实现。

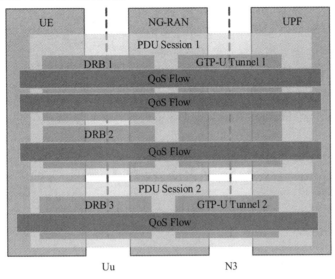

图 5.1　5G 网络的 QoS 框架

每个 QoS Flow 均包含以下三种信息，可以实现数据包所需要的端到端 QoS 控制。

(1) SMF 向 RAN 发送的 QoS 配置文件(QoS Profile)，其中包含了该 QoS Flow 所对应的上下行 QoS 参数信息。

(2) SMF 向 UE 发送的一个或多个 QoS 规则(QoS Rule)及 QoS Flow 级 QoS 参数信息，其中 QoS 规则中包含上行和下行包匹配规则。

(3) SMF 向 UPF 发送的一个或多个上行和下行报文检测规则(Packet Detection Rule，PDR)，以及对应的 QoS 执行规则(QoS Enforcement Rule，QER)。

QoS Flow 在用户面节点的端到端的控制与映射如图 5.2 所示。

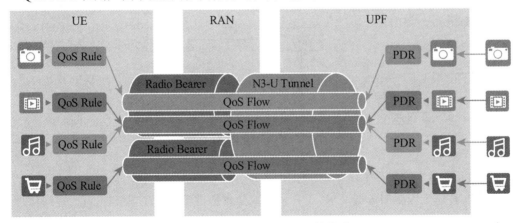

图 5.2　QoS Flow 控制与映射关系

在下行方向，UPF 基于 SMF 所发送的 PDR 中的下行包过滤规则，对接收到的数据包按照包过滤规则的优先级从高到低进行匹配。

(1) 若找到匹配的下行 PDR，则根据匹配结果将该 PDR 所对应的 QFI 封装到报文的

GTP-U 头中，NG-RAN 基于 GTP-U 头中的 QFI 标签将数据包映射到对应的无线承载中，并经由该无线承载转发至 UE。

(2) 若没有找到匹配的下行 PDR，UPF 将丢弃该下行数据包。

在上行方向，UE 基于 SMF 所发送的 QoS Rule 中的上行包过滤规则，对需要发送的数据包根据 QoS Rule 的优先级从高到低进行匹配。

(1) 若找到匹配的 QoS Rule，UE 将该上行数据包绑定至 QoS Rule 所对应的 QoS Flow，并进一步通过与该 QoS Flow 所关联的无线承载向 NG-RAN 发送上行数据包。

(2) 若没有找到匹配的 QoS Rule，则 UE 将丢弃该上行数据包。

5.3 QoS 关键机制

5.3.1 QoS 控制机制

为实现目标业务的 QoS 保障，5G 网络支持通过控制面信令流程来完成端到端 QoS Flow 的建立、修改及释放。以 QoS Flow 建立为例，SMF 根据本地策略或 PCF 发送的 PCC 规则来建立 QoS Flow，具体流程如图 5.3 所示。

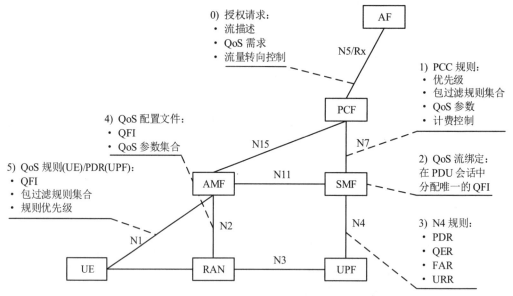

图 5.3 QoS Flow 建立流程

QoS Flow 建立流程如下：

(1) PCF 基于应用服务器请求、UE 请求或是本地逻辑(如 UE 所在位置、签约信息等)确定需要为目标业务启用 QoS 保障，可执行策略决策并生成相应的 PCC 规则，其中包含优先级、包过滤规则集合、QoS 参数及计费控制。

(2) SMF 基于上述 PCC 规则中的 QoS 参数，确定当前会话中是否已经建立了相同 QoS Flow 绑定参数所对应的 QoS Flow。若已建立，则 SMF 可以启动 QoS Flow 修改流程，将该业务关联至当前 QoS Flow，并修改该 QoS Flow 所对应的 QoS 参数，如授权带宽等。若未建立,则 SMF 可以启动 QoS Flow 建立流程,为该业务分配新的 QFI,并执行后续 QoS Flow 建立流程。

(3) SMF 经由 AMF、RAN 向 UE 发送 QoS 规则及 QoS Flow 级别的 QoS 参数信息,以及向 UPF 发送 PDR 及 QER 等信息。其中,QoS 规则包含 QFI、包过滤规则集合和规则优先级。

(4) SMF 通过 AMF 向 RAN 发送 QoS Flow 所对应的 QoS 配置文件,其中包含 QFI 及对应的 QoS 参数集合。

通过以上信令交互,UE、RAN 和 UPF 之间可完成 QoS Flow 的建立。RAN 根据 QoS Profile 分配空口无线资源,并存储 QoS Flow 与无线资源的绑定关系,并基于 QoS Profile 及数据包头中的 QFI 标签提供相应的 QoS 保障。

进一步地,当 SMF 判断需要对已经建立的 QoS Flow 进行修改或删除时,可采用 PDU 会话修改流程并更新 UE、UPF 及 RAN 上的 QoS Flow 相关信息。

5.3.2　反射 QoS 控制

反射 QoS 控制(Reflective QoS Control,RQC)指的是 UE 可以根据网络下发的数据包自行生成对应的上行数据包的 QoS Rule,并使用对应的 QoS Rule 执行上行数据的 QoS 控制。引入反射 QoS 控制的目的在于实现差异化 QoS 的同时减少 UE 与 SMF 之间的信令开销。换句话说,SMF 在建立/修改 QoS Flow 时只需要通过控制面向 RAN、UPF 发送相应的 QoS 信息,并指示对目标业务启用反射 QoS 控制,而不需要通过空口信令向 UE 显式发送 QoS 规则及 QoS Flow 级别的 QoS 参数信息。

反射 QoS 控制可适用于 IP 类型或以太类型的 PDU 会话,所针对的主要场景可以是需要频繁更新包过滤规则的应用业务(如端口号变更),从而避免 SMF 在每次更新时都需要通过 NAS 信令向 UE 发送更新后的包过滤规则集合。

反射 QoS 控制依赖于终端能力的支持。UE 可以在 PDU 会话建立流程中向 SMF 指示是否支持反射 QoS 控制机制。是否启用反射 QoS 控制机制则由 5GC 进行控制。反射 QoS 控制机制如图 5.4 所示。

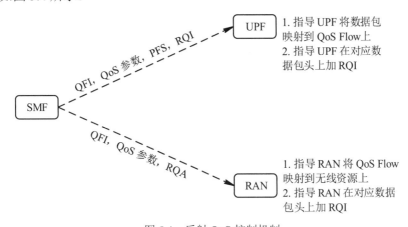

图 5.4　反射 QoS 控制机制

UE 在 PDU 会话建立流程或 PDU 会话修改流程中，可向 SMF 上报自身支持反射 QoS 的能力。若网络中部署了 PCF 网元，SMF 可进一步将该信息提供至 PCF。当 PCF 判断特定业务流可启用反射 QoS 控制时，PCF 在发送至 SMF 的 PCC 规则中包含反射 QoS 控制。若 SMF 决定将反射 QoS 机制应用于特定业务流信息(Service Data Flow，SDF)时，则在发送至 UPF 的该 SDF 所对应的 QER 规则中包含启用反射 QoS 指示(Reflective QoS Indication，RQI)，以及在发送至 RAN 的 QoS 配置文件中包含反射 QoS 属性(Reflective QoS Attribute，RQA)。反射 QoS 机制中的上下行报文特征如图 5.5 所示。

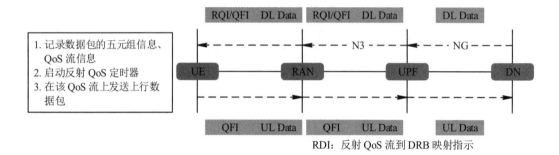

图 5.5　反射 QoS 机制中的上下行报文特征

当 UPF 收到需执行反射 QoS 的 SDF 所对应的下行数据流时，则在该下行数据流中的每个数据包的 GTP-U 包头增加 RQI 及 QFI。当 RAN 在 N3 接口收到的下行数据包中包含 RQI 指令时，将进一步在发送至 UE 的下行数据包的 SDAP 包头增加 RQI 和 QFI 信息。

当 UE 收到含有 RQI 的下行数据包时，若其判断当前暂未创建该下行数据包所对应的 QoS 规则，则需基于下行数据包的地址、端口等信息建立上行数据包所对应的 QoS 规则，并触发该规则所对应的反射 QoS 定时器(Reflective QoS Timer，RQ Timer)。若 UE 判断当前已创建了下行数据包所对应的 QoS 规则，则 UE 可重启该 QoS 规则所对应的反射 QoS 定时器。其中，反射 QoS 定时器时长可以由核心网在"PDU 会话建立"或"PDU 会话修改"流程中发送至 UE，或者由 UE 本地配置的默认时长确定。

UE 在发送上行数据包时，则可基于本地所保存的 QoS 规则(包括基于下行数据包创建的反射 QoS 规则及通过 NAS 接口从 SMF 所收到的普通 QoS 规则)的优先级对上行数据包进行匹配，并关联至相应的 QoS Flow 进行传输。

当 UE 基于反射 QoS 机制创建的 QoS 规则所对应的反射 QoS 定时器到期后，UE 将删除该 QoS 规则。

5.4　QoS 参数

5G QoS 参数包括 QoS Flow 粒度的 QoS 参数及其聚合比特速率，具体见表 5.1。

表 5.1　5G QoS 参数

5G QoS 参数		说　明
QoS Flow 粒度通用 QoS 参数	5G QoS 标识(5QI)	5G QoS 特征集合的索引,对应了多个 QoS 特征,如调度优先级、丢包率、时延等
	分配和保留优先级(ARP)	(1) 优先级水平:用于指示资源请求的相对重要性,用于资源受限情况下执行资源分配准入控制,取值范围为 1~15。 (2) 抢占能力:是否支持抢占较低 ARP 优先级的另一 QoS Flow 的资源。 (3) 被抢占脆弱性:已分配资源是否允许被更高 ARP 优先级的另一 QoS Flow 抢占
	反射 QoS 属性(RQA)	可选参数,用于指示 RAN 当前 QoS Flow 上承载的部分或全部流量,需要启用反射 QoS 机制。该参数仅适用于 Non-GBR 类型 QoS Flow
GBR QoS Flow 专用 QoS 参数	QoS 通知控制(QNC)	用于指示 NG-RAN 在不能保证(或再次恢复保证)特定 QoS Flow 的 GFBR 时,是否需要将该事件通知核心网
	流比特速率	(1) 保证的流比特速率(GFBR):网络为该 QoS Flow 所提供的保证带宽。 (2) 最大流比特速率(MFBR):网络允许该 QoS Flow 所使用的最大带宽。超出 MFBR 的流量可能会因为 UE、RAN、UPF 的流量整形或策略功能而被丢弃或延迟
其他 QoS 参数	聚合最大比特速率(AMBR)	(1) Session-AMBR:PDU 会话粒度的聚合最大比特速率,表征了一个 PDU 会话内所有 Non-GBR 类型 QoS Flow 所允许使用的带宽上限。 (2) UE-AMBR:UE 粒度的聚合最大比特速率,表征了每个 UE 所有 Non-GBR 类型 QoS Flow 所允许使用的带宽上限

上述 QoS 参数中,5QI 实际表示的是一系列 5G QoS 特征的集合,各特征介绍见表 5.2。

表 5.2　5G QoS 特征

5G QoS 特征	说　明
资源类型	即 QoS Flow 资源类型,包括 Non-GBR 类型与 GBR 类型,以及时延敏感 GBR 类型
优先级	指示 QoS Flow 之间执行资源调度的优先级
数据包时延(PDB)	指示数据包在 UE 和锚点 UPF 之间时延的上限
数据包丢包率(PER)	定义了发送方链路层成功处理但未被接收方上层接收的数据包丢失率的上限
平均窗口	表示对流比特速率(如 GFBR、MFBR)进行计算时所使用的窗口时长
最大数据突发量(MDBV)	表示 5G-AN 在 PDB 周期内需要处理的最大数据量。该参数仅用于时延关键资源类型的 GBR QoS Flow,可用于协助 5G-AN 实现低时延要求

此外,5G QoS 架构支持三种类型的 5QI 定义,分别是标准化 5QI、预配置 5QI 以及动

态分配 5QI，其分别具有如下特征：

(1) 标准化 5QI 与 5G QoS 特征具有一一映射关系，通常描述的是会被频繁使用的服务所对应的 QoS 需求集合，通过定义标准化的映射关系，可降低向 RAN 发送完整 5G QoS 特征所带来的信令开销。

(2) 预配置 5QI 即运营商自定义的 5QI，需要运营商预先在 5G-AN 上配置的 5QI 取值与 5G QoS 特征的映射关系。

(3) 动态分配 5QI 通常用于映射关系可通过运维手段变更的场景，主要实现方式是在 5G-AN 所收到的 QoS Profile 中包含动态分配的 5QI，此时除携带 5QI 外，还需要携带表 5.1 中的部分或全部参数。

表 5.3 中列出了 3GPP TS 23.501 中所定义的标准化 5QI 取值到 5G QoS 特征的主要映射。

表 5.3　标准化 5QI 取值到 5G QoS 特征的映射

5QI 取值	资源 类型	默认调度 优先级	数据包 时延	数据包 丢包率	最大数据 突发量	默认平均 窗口	服务示例
1	GBR	20	100 ms	10^{-2}	N/A	2000 ms	会话式语音
2	GBR	40	150 ms	10^{-3}	N/A	2000 ms	会话式视频(实时媒体流)
3	GBR	30	50 ms	10^{-3}	N/A	2000 ms	实时游戏、V2X 消息、过程自动化监测
4	GBR	50	300 ms	10^{-6}	N/A	2000 ms	非会话式视频(缓存媒体流)
5	Non-GBR	10	100 ms	10^{-6}	N/A	N/A	IMS 信令
6	Non-GBR	60	300 ms	10^{-6}	N/A	N/A	视频(缓存媒体流)基于 TCP(如 Web 服务、Email、聊天、FTP、P2P 文件共享等)
7	Non-GBR	70	100 ms	10^{-3}	N/A	N/A	语音，视频(实时媒体流)，交互式游戏
8	Non-GBR	80	300 ms	10^{-6}	N/A	N/A	视频(缓存媒体流)基于 TCP(如 Web 服务、Email、聊天、FTP、P2P 文件共享等)
9	Non-GBR	90	300 ms	10^{-6}	N/A	N/A	视频(缓存媒体流)基于 TCP(如 Web 服务、Email、聊天、FTP、P2P 文件共享等)
69	Non-GBR	5	60 ms	10^{-6}	N/A	N/A	关键任务时延敏感信令(例如 MCPTT 信令)
70	Non-GBR	55	200 ms	10^{-6}	N/A	N/A	关键任务数据(例如 5QI 6/8/9 的服务)
79	Non-GBR	65	50 ms	10^{-2}	N/A	N/A	V2X 消息
80	Non-GBR	68	10 ms	10^{-6}	N/A	N/A	低时延 eMBB 应用，增强现实
82	Delay Critical GBR	19	10 ms	10^{-4}	255 bytes	2000 ms	离散自动化

5QI取值	资源类型	默认调度优先级	数据包时延	数据包丢包率	最大数据突发量	默认平均窗口	服务示例
83	Delay Critical GBR	22	10 ms	10^{-4}	1354 bytes	2000 ms	离散自动化
84	Delay Critical GBR	24	30 ms	10^{-5}	1354 bytes	2000 ms	智能运输系统
85	Delay Critical GBR	21	5 ms	10^{-5}	255 bytes	2000 ms	高压输电

本 章 小 结

本章主要介绍了 5G 网络所定义的 QoS 框架以及 QoS 关键机制。通过该 QoS 控制机制，可以实现 UE 至 UPF 端到端 QoS Flow 的差异化服务质量保障。此外，本章还展开描述了 5G 所定义的 QoS 参数，包括 QoS Flow 级别的 QoS 参数及聚合比特速率、5QI 等。

第6章　5G策略控制架构

6.1　策略控制架构概述

针对日益复杂的网络架构，策略控制架构作为整个通信网络架构中的"神经中枢"，需要提供差异化的策略控制服务，以支持运营商内部、外部(如第三方服务提供商)对5G网络所提出的创新服务需求。例如，5G网络为用户提供业务粒度的保障服务，提供端到端低时延体验，并基于用户实际所使用的服务等级协议(SLA)，执行相应的计费控制。策略控制场景示例如图6.1所示。

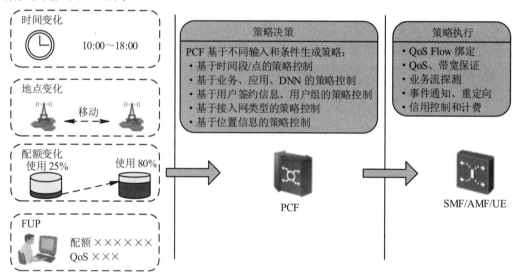

图 6.1　策略控制场景示例

4G网络所定义的策略控制架构主要包括会话管理策略控制。相比之下，5G网络策略控制架构增加了对UE策略以及接入与移动性管理策略的支持，以实现更为灵活的用户粒度策略控制。5G当前所定义的策略规则主要包括以下三种：

(1) 用户策略(UE Policy)：用于UE执行用户路由选择及Non-3GPP接入点选择。

(2) 接入与移动性管理相关策略(Access and Mobility management related Policy，AM Policy)：用于为AMF提供和接入与移动性管理相关的策略控制。

(3) 会话管理相关策略(Session Management related Policy，SM Policy)：用于为SMF提供会话粒度及业务流粒度的策略控制。

5G策略控制架构的主要功能网元包括PCF、SMF、UPF、AMF、NEF、NWDAF、CHF、

AF 及 UDR。图 6.2 和图 6.3 分别对应了非漫游场景下服务化接口形式和参考点接口形式的策略控制架构图。

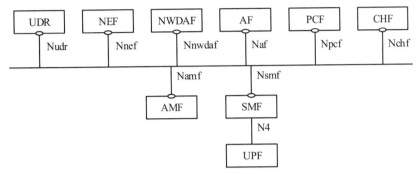

图 6.2　非漫游场景策略控制架构图(服务化接口形式)

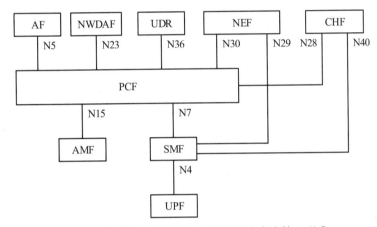

图 6.3　非漫游场景策略控制架构图(参考点接口形式)

为支持跨 PLMN 场景下的策略控制，3GPP 标准分别针对本地疏导漫游及归属地路由漫游两种场景定义了相应的漫游场景策略控制架构，如图 6.4～图 6.7 所示。架构中引入了拜访地策略控制功能网元 V-PCF 及归属地策略控制功能网元 H-PCF，两者之间可通过漫游接口进行交互并实现策略信息的传递。

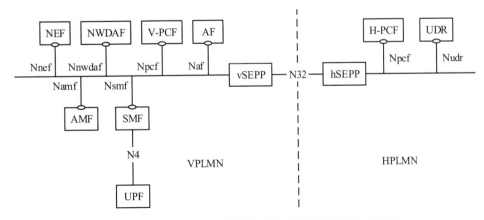

图 6.4　本地疏导漫游场景策略控制架构图(服务化接口形式)

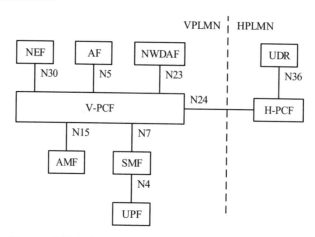

图 6.5　本地疏导漫游场景策略控制架构图(参考点接口形式)

两种漫游场景下 V-PCF 与 H-PCF 之间的角色分工如下:

(1) 本地疏导漫游场景。

V-PCF 负责执行用户策略中的接入网络发现选择策略决策、接入与移动性管理相关策略决策及会话管理相关策略决策。H-PCF 负责执行用户策略中的用户路由选择策略决策。

(2) 归属地路由漫游场景。

V-PCF 负责执行用户策略中的接入网络发现选择策略决策及接入与移动性管理相关策略决策。H-PCF 负责执行用户策略中的用户路由选择策略决策与会话管理相关策略决策。

在如图 6.6 和图 6.7 所示的策略控制架构中,PCF 通过与 AMF 之间的接口实现用户策略和接入与移动性管理相关策略的决策及下发,并通过与 SMF 之间的接口实现会话管理相关策略的决策与下发。其中,前者可理解为用户粒度,即 UE 注册至 5G 网络后,仅由一个 PCF 网元提供 UE Policy 和 AM Policy 的决策服务。对应地,负责执行会话管理策略决策的 PCF 则可理解为会话粒度,即对于 UE 在 5G 网络所建立的多个 PDU 会话,每个 PDU 会话可以由对应的 PCF 网元提供 SM Policy 的决策服务。

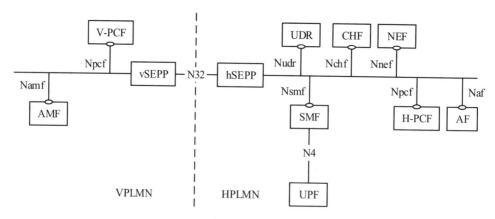

图 6.6　归属地路由漫游场景策略控制架构图(服务化接口形式)

在实际部署中,负责为用户提供 UE Policy 与 AM Policy 决策服务的 PCF 和为用户提供 SM Policy 决策服务的 PCF 既可以是同一个 PCF 实例,又可以是不同的 PCF 实例,实际架构取决于运营商部署需求。

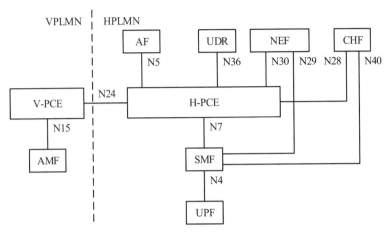

图 6.7　归属地路由漫游场景策略控制架构图(参考点接口形式)

6.2　PCF 发现与选择

基于策略控制架构，与 AMF、SMF 相连接的 PCF 分别负责提供 UE Policy 与 AM Policy、SM Policy。其中，与 AMF 相连的 PCF 由 AMF 执行 PCF 发现与选择流程，AMF 用于选择为该 UE 提供服务的 PCF，并与所选择的 PCF 建立 UE 策略关联和接入与移动性管理策略关联。与 SMF 相连的 PCF 则由 SMF 执行 PCF 发现与选择流程，SMF 用于选择为该 PDU 会话提供服务的 PCF，并与所选择的 PCF 建立会话管理策略关联。

1. 为 UE 选择 PCF

AMF 可基于本地配置或通过 NRF 发现负责 UE 策略控制和接入与移动性管理策略控制的 PCF。在漫游场景下，AMF 需同时负责选择 V-PCF 与 H-PCF 功能。

AMF 通过 NRF 执行 PCF 发现与选择功能时可考虑如下因素：

(1) SUPI/GPSI：即用户标识，用于查询支持为该用户提供服务的 PCF。

(2) S-NSSAI：即切片标识，用于查询支持该切片功能的 PCF。

(3) PCF Set ID / PCF Group ID：即 PCF 组标识，用于查询该群组中的 PCF 列表。

当发生 AMF 变更时，若新侧 AMF 与老侧 AMF 位于同一个 PLMN，则老侧 AMF 可将所选择的 PCF Set ID/PCF Group ID 传递至新侧 AMF，并由新侧 AMF 与原 PCF 建立相应的策略关联。当新侧 AMF 无法与原 PCF 建立策略关联时，可选择新的 PCF 为该 UE 提供服务。

2. 为 PDU 会话选择 PCF

SMF 可基于本地配置或通过 NRF 发现负责会话管理策略控制的 PCF。具体地，SMF 通过 NRF 执行 PCF 发现与选择时可考虑如下因素：

(1) SUPI/GPSI：即用户标识，用于查询支持为该用户提供服务的 PCF。

(2) DNN 和 S-NSSAI：即该 PDU 会话所对应的 DNN、S-NSSAI 信息。

(3) AMF 所选择的 PCF：SMF 可决策是否选择 AMF 所选择的 PCF 作为该 PDU 会话所对应的 PCF。

(4) PCF Set ID/PCF Group ID：即 PCF 组标识，用于查询该群组中的 PCF 列表。

3. 为 AF 会话选择 PCF

5GC 允许 AF 提供策略决策输入。例如，要求 PCF 为特定用户的特定业务流提供相应的差异化 QoS 保障、流量统付业务等。为支持 AF 从网络中所部署的多个 PCF 中查找到为目标用户的 PDU 会话服务的目标，3GPP 协议定义了绑定支持功能(Binding Support Function，BSF)。BSF 具有以下功能：

(1) 接收 PCF 所注册的绑定信息，如用户标识、UE 地址(如 IP 地址、MAC 地址等)、DNN/S-NSSAI 和 PCF 地址信息；

(2) 基于来自 AF 的请求信息及本地所存储的绑定信息确定 PCF 地址；

(3) 返回目标 PCF 地址至 AF 或 NEF(当 AF 请求经由 NEF 中转时)，用于确定目标 PCF。

6.3　UE　策　略

6.3.1　UE 策略控制

5G 网络所定义的策略控制架构允许 PCF 为 UE 配置两种用户策略：非 3GPP 接入的接入网发现与选择策略(Access Network Discovery and Selection Policy，ANDSP)和 PDU 会话相关的 UE 路由选择策略(UE Route Selection Policy，URSP)。

ANDSP 包含了 UE 在通过非 3GPP 接入 5GC 时需要如何执行 WLAN 选择及非 3GPP 接入点选择的信息。基于这些信息，UE 可执行非 3GPP 接入网络(例如运营商所部署的 Wi-Fi 网络，如 CMCC-WEB、CMCC-EDU 等)选择，并选择相应的 N3IWF 作为接入点。

URSP 策略用于指示 UE 如何将特定数据流量映射到目标 PDU 会话参数，例如为特殊应用选择专用切片接入，以获得完整服务体验。当特定应用启动时，UE 可基于 URSP 策略确定该应用所需要的传输方式及对应的 PDU 会话参数。

URSP 策略与 ANDSP 策略可以通过预配置或者由 PCF 下发的方式发放至 UE，且 PCF 所下发的策略的优先级高于预先配置在 UE 上的策略。当 UE 处于漫游场景下时，V-PCF 将通过与 H-PCF 之间的 N24/Npcf 接口接收归属网络为 UE 配置的 UE 策略，并可与自身所决策的 ANDSP 策略一同下发至 UE。当 UE 同时收到归属网络和拜访网络所提供的 ANDSP 策略时，UE 需优先使用拜访网络所下发的 ANDSP 策略。V-PCF/H-PCF 完成 UE 策略决策后，通过 AMF 可将该 UE 策略透传至 UE。

6.3.2　UE 策略传递

在 UE 策略关联建立及策略关联修改流程中，可以触发 PCF 提供 UE 接入选择与 PDU

会话相关策略信息至 UE，该流程的触发事件可以是 UE 注册事件、移动性注册事件或 PCF 基于周边输入信息决策的 UE 策略更新事件。

如图 6.8 所示，PCF 可基于多个触发事件决策更新 UE 上的 UE Policy，如接收初始注册流程或移动性注册流程中 UE 所上报的本地所保存的 UE 策略所对应的策略分段标识(Policy Section ID，PSI)，以及变更基于 UE 的签约数据、变更 AF 请求或是用户位置等。其中，PSI 标识了由一个或多个 URSP 规则或 ANDSP 规则所组成的策略分段，通过引入该方式避免了 UE 上报全量 URSP 规则。

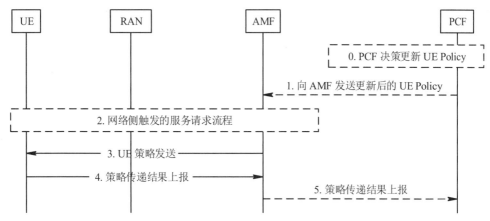

图 6.8　用户策略下发流程

当 PCF 基于上述触发事件判断需对 UE 策略进行更新时，可通过下行 NAS 消息经由 AMF 向 UE 发送更新后的 UE 策略。为避免 UE 策略信息超过 NAS 接口限制，PCF 需要对策略信息进行分割并重复多次策略更新流程。

当 UE 收到更新的 UE 策略后，需向网络侧返回策略传递结果。PCF 需对发送至 UE 的最新 PSI 列表进行维护并保存至 UDR 中。

6.3.3　UE 策略结构

ANDSP 规则包括 WLANSP 规则、ePDG 配置信息、N3IWF 配置信息及非 3GPP 接入点选择信息，其详细描述如表 6.1 所示。

表 6.1　ANDSP 结构

信　元　名	描　　　述
WLANSP 规则	一条或多条 WLAN 选择策略(WLANSP)，用于指示 UE 如何选择待接入 WLAN
ePDG 配置信息	用于指示 UE 如何选择 ePDG 作为接入 4G 所使用的非 3GPP 接入节点
N3IWF 配置信息	用于指示 UE 如何选择 N3IWF 作为接入 5G 所使用的非 3GPP 接入节点
非 3GPP 接入点选择信息	用于指示 UE 如何选择 ePDG 或是 N3IWF 作为非 3GPP 接入节点

URSP 规则包括规则优先级、流描述符组件、应用描述符、IP 描述符、域名描述符、

非 IP 描述符、数据网络名称、连接能力及路由选择描述符列表，其详细描述如表 6.2 和表 6.3 所示。

表 6.2　URSP 结构

信 元 名	描　　述
规则优先级	用于指示 UE 执行 URSP 匹配时的优先级顺序
流描述符组件	用于指示 5G QoS 流的转发行为
应用描述符	包含终端操作系统标识及操作系统内的应用标识
IP 描述符	目标 IP 三元组(目的 IPv4 或 IPv6 地址、端口号与协议类型)
域名描述符	FQDN 或正则表达式
非 IP 描述符	非 IP 类型流描述符
数据网络名称	用于匹配 UE 应用所提供的数据网络名称
连接能力	用于匹配 UE 应用所提供的信息，如 IMS、SMS 服务等
路由选择描述符列表	具体组件见表 6.3

表 6.3　路由选择描述符

信 元 名	描　　述
路由选择描述符优先级	用于指示同一 URSP 规则中路由选择描述符之间的优先级顺序
路由选择组件	用于指示用户设备路由选择策略
SSC 模式选择	用于指示为匹配的应用选择会话与业务连续性模式，包含 SSC Mode 取值
网络切片选择	用于指示为匹配的应用选择网络切片信息，包含一个或多个 S-NSSAI
DNN 选择	用于指示为匹配的应用选择数据网络接入点 DNN，包含一个或多个 DNN
PDU 会话类型选择	用于指示为匹配的应用确定 PDU 会话类型，如 IP 类型、以太类型等
非无缝卸载指示	用于指示为匹配的应用选择非无缝卸载至 PDU 会话之外的非 3GPP 接入
接入类型特性	用于指示为匹配的应用选择偏好的接入类型,如 3GPP 接入或非 3GPP 接入
路由选择验证条件	用于指示用户设备路由选择所需的验证信息
时间窗条件	用于指示该路由选择描述符所适用的时间窗信息
位置区域条件	用于指示该路由选择描述符所适用的位置区域信息

6.3.4　UE 策略执行

UE 策略执行过程即 UE 基于 ANDSP 执行非 3GPP 网络选择的过程与基于 URSP 策略执行应用与 PDU 会话关联的过程。图 6.9 展示了以 URSP 为例的应用到 PDU 会话的关联示例。

步骤 1、2 即 PCF 经由 AMF 向 UE 下发 UE 策略。

步骤 3 即 UE 基于当前待发起的应用执行 URSP 匹配。当匹配至特定 URSP 规则后，若当前已建立了满足规则集定义(Rule Set Definition，RSD)条件的 PDU 会话，则可通过该 PDU 会话承载待发起的应用业务流；若当前还未建立符合条件的 PDU 会话，则 UE 将发起 PDU 会话创建流程,该 PDU 会话建立请求中需携带已匹配的 RSD 中所包含的 DNN、S-NSSAI 等信息作为 PDU 会话参数；若未匹配至任何非默认 URSP 规则，则可采用本地配置信息中的相关参数或是采用默认 URSP 规则中的 RSD 执行 PDU 会话关联。

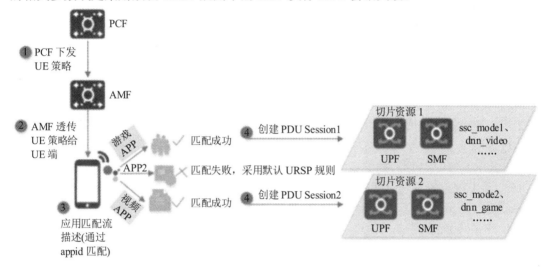

图 6.9　URSP 策略执行示例

6.4　接入与移动性管理策略控制

接入与移动性管理策略包括服务区域限制管理及无线资源管理，分别对应服务区域限制与接入/频点选择策略(RAT/Frequency Selection Policy，RFSP)。非漫游场景下，该策略由归属公共陆地移动网络(Homed Public Land Mobile Network，HPLMN)中的 PCF 提供。漫游场景下，该策略则由拜访公共陆地移动网络(Visited Public Land Mobile Network，VPLMN)中的 PCF 提供。

服务区域限制管理指的是 PCF 可以执行服务区域限制信息的授权决策，其中可包括允许 UE 发起通信请求的 TAI 列表和不允许 UE 发起通信请求的 TAI 列表。当 UE 处于允许发起通信请求的 TAI 时,UE 可通过 5G 网络发起相应的连接建立请求并进行用户面通信等。当 UE 处于不允许发起通信请求的 TAI 时，除部分业务特殊信令外，UE 不被允许发起服务请求、用户面连接请求及控制面连接建立请求。PCF 可基于周边网元所提供的决策输入信息(如 UE 位置、变更后的签约服务区域限制信息等)修改此前下发的策略。例如，基于移动后的 UE 位置，确定是否调整所下发的服务区域限制策略。

无线资源管理指的是 PCF 可以执行 RFSP 索引决策，该索引对应的是 RAN 侧预先配置的无线资源管理策略信息。PCF 可基于运营商策略、用户位置、AMF 所提供的允许 UE

接入的切片列表等信息决策或修改 RFSP 索引。例如，针对高铁用户下发特定的 RFSP 策略，以保证接入高铁沿线专用基站，以保障高铁用户的服务体验。AMF 需进一步将 PCF 所决策的 RFSP 索引发送至 RAN 侧执行。

6.5　会话管理策略控制

6.5.1　会话管理策略规则

会话管理策略控制主要包括 QoS 控制、计费及数据流转发等方面，由与 SMF 相连的 PCF 负责。在本地疏导漫游场景中，该策略由与 SMF 相连的 V-PCF 基于拜访网络与归属网络之间的网间协商执行决策生成。在归属地路由漫游场景中，该策略由与 SMF 相连的 H-PCF 基于用户策略签约决策生成。

PCF 所下发的会话管理策略主要包括 PDU 会话级别的策略信息与业务流级别的策略信息。其中，PDU 会话级别的策略信息主要是指适用于整个 PDU 会话的策略规则。一个 PDU 会话中可以包含一个或多个 QoS 流，而每个 QoS 流中可包含一个或多个业务流。业务流级别的策略信息针对的便是 QoS 流中的一个或多个业务流所需执行的策略规则，其具体形式即 PCC 规则，其中包含了目标业务数据流的描述信息及针对该业务数据流所需执行的策略控制措施。图 6.10 展示了 PDU 会话级 QoS 与业务流级 QoS 的执行粒度示意图。

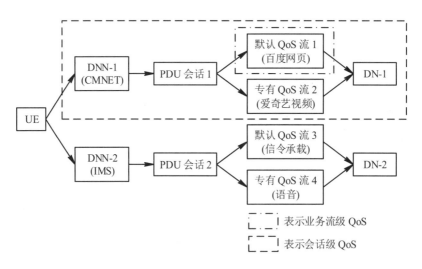

图 6.10　PDU 会话级 QoS 与业务流级 QoS 的执行粒度示意图

业务流级别的策略信息即 PCC 规则，主要包括 PCC 规则标识、业务数据流检测信息、计费信息、QoS 控制及门控信息、用量监控信息和数据流转发信息。PCC 规则标识即 PCC Rule ID，用于唯一标识 PDU 会话内的一个 PCC 规则，主要用于 SMF 与 PCF 之间进行规则关联。业务数据流检测信息主要包含业务数据流的检测匹配方式，用于指示该规则所适用的目标业务数据流信息，具体形式可以是 IP 五元组(源/目的地址、源/目的端口号和协议类型)、应用标识或其他类型的业务数据流模板信息。计费信息用于指示针对目标业务数据流需采用的计费形式，主要包括计费键值、计费方式、流量统付信息等内容。QoS 控制及门控信息用于指示针对目标业务数据流需采用的 QoS 保障需求及门控策略，主要包括 QoS 流粒度、QoS 参数列表及门控状态控制信息。用量监控信息用于指示针对目标业务数据流需采用的用量监控相关策略，包括用量监控键值及该业务流是否适用于会话级用量监控的指示信息。数据流转发信息用于指示针对目标业务数据流需采用的数据流转发策略，包括 N6 接口的业务链策略及数据网络接入点相关的数据流转发策略。

　　PDU 会话级别的策略信息主要包含适用于整个 PDU 会话的策略控制规则，具体包含计费信息、策略控制请求触发器、PDU 会话级别的 QoS 信息和 PDU 会话粒度用量监控信息。计费信息包括该 PDU 会话所对应的默认计费方式、计费地址等信息；策略控制请求触发器用于指示 SMF 在触发器所对应的事件发生时向 PCF 重新请求 PCC 规则的事件列表，如 UE 位置、签约信息变更等；PDU 会话级别的 QoS 信息用于指示该 PDU 会话所需采用的 QoS 保障需求，如会话粒度最大聚合比特速率(Session-AMBR)、反射 QoS 定时器等；PDU 会话粒度用量监控信息用于指示 PDU 会话粒度的用量监控策略信息，主要包括用量监控键值及上报阈值信息等。

　　图 6.11 展示了 PDU 会话级别/业务流级别策略规则生成示例。其中 PCF 可基于左侧所展示的策略决策输入触发对策略规则的更新动作，例如基于用户所在位置、业务类型或套餐配额余量情况等信息确定需对策略规则进行调整，包括调整用户所允许使用的业务流级别的带宽限额、调整用户计费费率，或是以短信业务通知用户余额不足等。

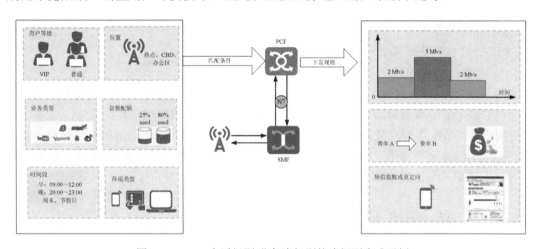

图 6.11　PDU 会话级别/业务流级别策略规则生成示例

6.5.2　会话管理绑定机制

　　绑定机制作为会话管理策略控制的基本机制，主要用于将业务数据流关联至用于承载该业务数据流的 QoS 流上。此外，该机制还可用于将 AF 会话信息关联至承载该会话相关的业务数据流的 QoS 流上。

　　绑定机制包括会话绑定、PCC 规则授权、QoS 流绑定。

1. 会话绑定

会话绑定指的是将 AF 会话关联到唯一的一个目标 PDU 会话。会话绑定动作由 PCF 基于以下三种参数执行：

(1) UE IPv4 地址、IPv6 地址前缀或 UE MAC 地址；

(2) 用户标识，如 SUPI、GPSI 等；

(3) 数据网络信息，如 DNN。

当确定目标 PDU 会话后，PCF 需基于 AF 会话信息确定是否下发新的 PCC 规则、删除已有的 PCC 规则，或是对已有的 PCC 规则进行调整等。

2. PCC 规则授权

PCC 规则授权即 PCF 为目标业务数据流选择相应的 5G QoS 参数。其中，PCF 除了可基于 AF 会话信息中的请求执行 PCC 规则决策，还可基于周边其他网元所提供的输入信息 (如来自 UDR 的用户策略签约信息、来自 SMF 的事件上报等) 执行 PCC 规则授权。

3. QoS 流绑定

QoS 流绑定指的是 SMF 将从 PCF 收到的 PCC 规则绑定至目标 QoS 流的过程。一个 QoS 流所关联的一个或多个 PCC 规则对应的业务数据流具有一致的 QoS 保障策略。具体地，QoS 流绑定动作主要基于如下绑定参数执行：

(1) 5QI；

(2) ARP；

(3) QNC(若携带)；

(4) 优先级(若携带)；

(5) 平均窗口(若携带)；

(6) 最大数据突发量(若携带)。

当 SMF 收到新的或修改后的 PCC 规则时，SMF 可基于上述绑定参数评估是否可以使用现有 QoS 流。若现有 QoS 流可用，则 SMF 可以启动 QoS 流修改流程，调整该 QoS 流所对应的业务流匹配规则及带宽信息，以通过该 QoS 流承载该 PCC 规则所对应的业务数据流。若现有 QoS 流不可用，则 SMF 会启动 QoS 流建立流程，以建立基于该 PCC 规则所对应的 QoS 参数所对应的 QoS 流。

6.5.3　会话管理策略控制示例

会话管理策略控制可以实现对特定业务流的差异化 QoS 保障、计费、业务流转发等控制方案。该策略决策的输入包括周边网元的多种信息，如 PCF 本地所配置的策略规则、UDR 所接收的用户策略签约信息、来自 AF 的业务授权请求、来自 SMF/UPF 的相关事件报告、来自计费系统的用户账户状态信息，以及接入网相关的接入类型或用户位置等信息。图 6.12 展示了 PCF 基于 AF 所发送的业务授权请求对目标流量执行加速过程的示例，可增进读者对会话管理策略控制的理解。

用户初始接入后，业务流量通过默认 QoS 流(即 5QI = 9)进行传递。终端用户通过购买加速道具，触发游戏服务器经由 NEF 向 PCF 发送应用授权请求，其中可携带待加速的目标业务流的描述信息(如 IP 五元组)及目标 QoS 需求(如带宽信息)。PCF 基于所收到的应用授权请求,以及本地配置信息、用户策略签约等执行策略决策,并为目标业务流下发相应的 PCC 规则,其中除携带上述流描述信息及 QoS 需求外,还可携带对应的计费策略、流转发策略等策略信息。SMF 基于所收到的 PCC 规则执行 QoS 流绑定,在该示例中则是将目标业务流承载至 5QI = 3 所对应的 QoS 流。

基于该方案,游戏业务报文可通过优先级更高、带宽具有保障的 QoS 流进行传递,即使在拥塞场景下也能够显著缩短报文时延、提升抖动体验。

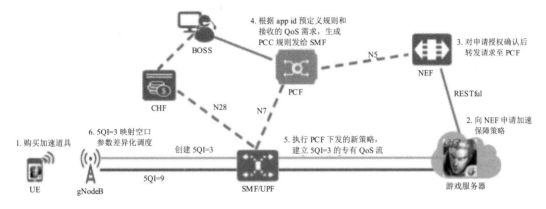

图 6.12　手游加速方案示例

本 章 小 结

本章介绍了 5G 网络策略控制架构,给出了 PCF 发现与选择方法,重点阐述了 UE 策略,包括 UE 策略控制、UE 策略传递、UE 策略结构与 UE 策略执行。此外,还介绍了接入与移动性管理策略控制以及会话管理策略控制。

第 7 章　5G 接口协议

7.1　接口介绍

5G 网络架构中实体间的交互采用了两种不同的方式：基于服务的接口(服务化接口)和参考点。网元通过服务化接口向其他授权的网元开放网元服务，提供网元服务的网元称为网元服务提供者，使用网元服务的网元称为网元服务消费者或消费者网元。参考点指的是两个网元之间的概念性连接点。一般情况下，一个参考点等价于一个或多个可以提供相同功能的服务化接口，如图 7.1 和图 7.2 所示。

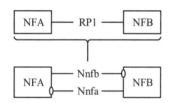

图 7.1　参考点等价于两个服务化接口的示例

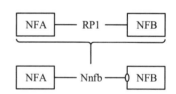

图 7.2　参考点等价于一个服务化接口的示例

若两个参考点的关联网元不一样，即使这两个参考点的功能相同，也需要两个不同的参考点。在这种场景下，如果使用服务化接口的表示方式，则可以看出这两个参考点对应的服务化接口相同，如图 7.3 所示。

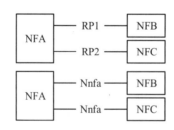

图 7.3　相同功能的两个不同参考点示例

在一些例外情况下，参考点不等价于服务化接口，如 N1、N2、N3、N4、N6 等(即非服务化接口)。使用参考点表示的 5G 系统架构如图 7.4 所示，使用服务化接口表示的 5G 系统架构如图 7.5 所示。

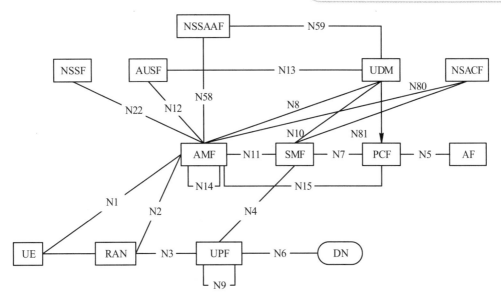

图 7.4　5G 系统架构的部分参考点表示

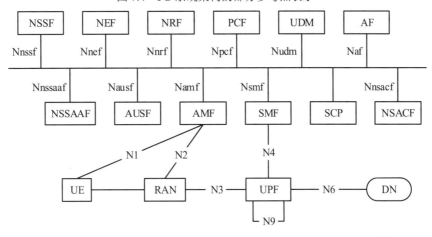

图 7.5　5G 系统架构的参考点和服务化接口

参考点和服务化接口之间的对应关系如表 7.1 所示。

表 7.1　参考点和服务化接口的对应关系表

参考点	服务化接口	参考点	服务化接口	参考点	服务化接口
N5	Npcf、Naf	N14	Namf	N21	Nsmsf、Nudm
N7	Nsmf、Npcf	N15	Npcf、Namf	N22	Namf、Nnssf
N8	Nudm、Namf	N16	Nsmf	N23	Npcf、Nnwdaf
N10	Nudm、Nsmf	N17	Namf、N5g-eir	N24	Npcf
N11	Namf、Nsmf	N18	Nudsf	N27	Nnrf
N12	Namf、Nausf	N19	Nupf	N28	Npcf、Nchf
N13	Nudm、Nausf	N20	Namf、Nsmsf	N29	Nnef、Nsmf

参考点	服务化接口	参考点	服务化接口	参考点	服务化接口
N30	Npcf、Nnef	N41	Namf、Nchf	N59	Nudm、Nnssaaf
N31	Nnssf	N42	Namf、Nchf	N80	Namf、Nnsacf
N32	Nsepp	N43	Npcf	N81	Nsmf、Nnsacf
N33	Nnef、Naf	N50	Namf、Ncbcf	N82	Nnsacf、Nnef
N34	Nnssf、Nnwdaf	N51	Namf、Nnef	N83	Nausf、Nnssaaf
N35	Nudm、Nudr	N52	Nnef、Nudm	N84	Ntsctsf、Npcf
N36	Npcf、Nudr	N55	Namf、Nucmf	N85	Ntsctsf、Nnef
N37	Nnef、Nudr	N56	Nnef、Nucmf	N86	Ntsctsf、Naf
N38	Nsmf	N57	Naf、Nucmf	N87	Ntsctsf、Nudr
N40	Nsmf、Nchf	N58	Namf、Nnssaaf		

7.2 服务化接口的协议栈

服务化接口的传输层采用 TCP 协议，应用层采用 HTTP/2 协议，序列化协议采用 JSON，接口描述语言采用 OpenAPI 3.0。安全方面，所有的 3GPP 网元都支持 TLS。图 7.6 为服务化接口的协议栈。

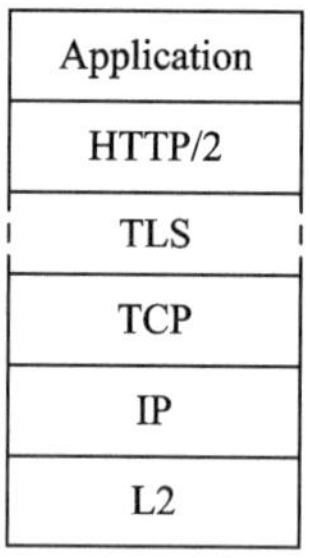

Application
HTTP/2
TLS
TCP
IP
L2

图 7.6 服务化接口的协议栈

如果一个网元没有在 NRF 中注册端口号，则在默认端口号上接收连接。例如，HTTP连接使用 80 端口，HTTPS 连接使用 443 端口。

服务化架构中，网元通过服务化接口向其他网元提供多种网元服务，每个网元服务中定义了多个服务操作(Service Operation)。服务操作的请求/响应消息中会携带一个结构型的对象，该对象包含一个或多个信元。信元的取值取决于信元的数据类型，数据类型主要分为结构型、简单型和枚举型三类。结构型数据类型的信元会嵌套子信元，简单型数据类型的信元不会嵌套子信元，枚举型数据类型的信元取值只能在规定的几种离散值中选择。

图 7.7 为一个结构型信元"regRequest"的示意图。信元"regRequest"的数据类型"N1MessageContainer"属于结构型。该信元嵌套着子信元"n1MessageClass"和"n1MessageContent"，其中子信元"n1MessageContent"的数据类型"RefToBinaryData"属于结构型，

又嵌套着子信元"contentId"。

图 7.7　结构型信元示意图

图 7.8 为一个简单型信元"supportedFeatures"的示意图。信元"supportedFeatures"的数据类型"SupportedFeatures"属于简单型。

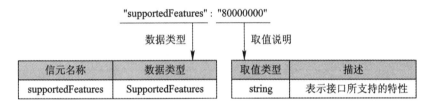

图 7.8　简单型信元示意图

图 7.9 为一个枚举型信元"reason"的示意图。信元"reason"的数据类型"TransferReason"属于枚举型。

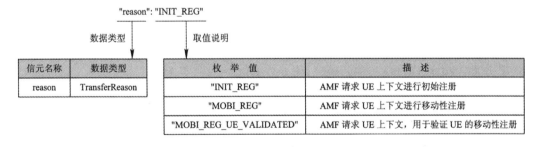

图 7.9　枚举型信元示意图

7.3　服务化接口示例

本节以 AMF 提供的网元服务为例介绍服务化接口。

AMF 通过 Namf 接口向其他网元提供多种网元服务，表 7.2 为 AMF 提供的网元服务。

表 7.2　AMF 提供的网元服务

服务名称	描　述
Namf_Communication	使能消费者网元使用该服务通过 AMF 与 UE 和/或接入网通信
Namf_EventExposure	使能消费者网元订阅或获得移动相关的时间和统计的通知
Namf_MT	使能消费者网元确定 UE 是可达的
Namf_Location	使能消费者网元获得目标 UE 的位置信息

表 7.3 为 AMF 的服务定义的服务操作，每个服务定义了多个服务操作。

表 7.3　AMF 的服务定义的服务操作

服务名称	服务操作	描　述
Namf_Communi-cation	UEContextTransfer	向消费者网元提供 UE 上下文
	RegistrationStatusUpdate	通知 AMF 之前的 UE 上下文传输使得 UE 成功注册
	N1MessageNotify	向目标网元通知来自 UE 的 N1 消息
	N1N2MessageSubscribe	订阅关于 UE 的 N1 消息或 N2 消息的通知
	N1N2MessageUnSubscribe	取消订阅关于 UE 的 N1 消息或 N2 消息的通知
	N1N2MessageTransfer	网元通过 AMF 向用户或接入网传递 N1 或 N2 消息
	N1N2TransferFailureNotification	通知用户 N1 或 N2 消息传输失败
	N2InfoSubscribe	订阅特定 N2 消息类型中的信息的到达
	N2InfoUnsubscribe	取消订阅特定 N2 消息类型中的信息的到达
	N2InfoNotify	AMF 向订阅了特定信息的网元通知特定的 N2 消息
	CreateUEContext	切换流程中源 AMF 在目标 AMF 中创建 UE 上下文
	ReleaseUEContext	切换取消流程中源 AMF 释放目标 AMF 中的 UE 上下文
	EBIAssignment	消费者网元请求一个 PDU 会话的 EPS 承载标识，可选的指示 AMF 需要释放的 EPS 承载
	AMFStatusChangeSubscribe	订阅 AMF 的状态变化通知
	AMFStatusChangeUnSubscribe	取消订阅 AMF 的状态变化通知
	AMFStatusChangeNotify	向订阅的网元报告 AMF 的状态变化通知
	NonUeN2MessageTransfer	请求向接入网传输一个非 UE 的 N2 消息
	NonUeN2InfoSubscribe	订阅接入网发送的非 UE 的 N2 信息的到达
	NonUeN2InfoUnSubscribe	取消订阅接入网发送的非 UE 的 N2 信息的到达
	NonUeN2InfoNotify	向订阅了特定信息的消费者网元通知特定的事件
	RelocateUEContext	在 EPS 到 5GS 的切换流程中初始 AMF 在目标 AMF 中重分配 UE 的上下文
	CancelRelocateUEContext	在 EPS 到 5GS 的切换流程中初始 AMF 取消在目标 AMF 中 UE 的上下文的重分配

续表

服务名称	服务操作	描　述
Namf_EventExposure	Subscribe	订阅或修改一个或多个 UE 的事件报告
	Unsubscribe	取消订阅或修改一个或多个 UE 的事件报告
	Notify	向订阅了事件的消费者网元提供事件信息
Namf_MT	EnableUEReachability	请求使能 UE 可达性
	ProvideDomainSelectionInfo	向消费者网元提供用于 IMS 语音的终结域选择的 UE 信息
	EnableGroupReachability	向一组 UE 请求寻呼
Namf_Location	ProvidePositioningInfo	向消费者网元提供 UE 位置信息
	EventNotify	向紧急会话提供 UE 位置相关的事件信息或向消费者网元提供推迟的位置信息
	ProvideLocationInfo	向消费者网元提供目标 UE 的网络提供的位置信息
	CancelLocatio	取消向消费者网元提供目标 UE 的推迟的位置信息

更多的服务化接口信息可参考 3GPP TS 23.501。

7.4　非服务化接口示例

本节以 N1 为例介绍非服务化接口。UE 和 5GC 之间通过 N1 接口交互，UE 和 5GC 之间传输的信令或消息称为 NAS 消息或 NAS 信令。NAS 指非接入层，位于接入层之上，NAS 信令对于接入网透明传输。基于 N1 的 NAS 协议由 NAS-MM 和 NAS-SM 组成(见图 7.10)。

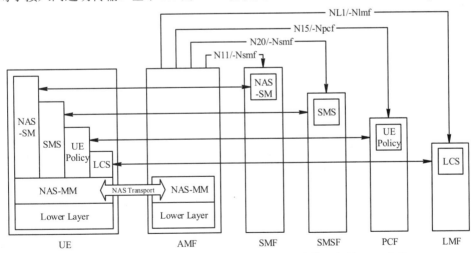

图 7.10　会话管理、短消息服务、UE 策略、定位服务的 NAS 传输

NAS-MM 协议指的是 UE 和 AMF 之间交互的协议，用于处理移动管理和连接管理状态机和流程等。通过 NAS-MM 消息可以传输终结于其他网元的 NAS 消息，如会话管理消息、短消息服务消息、UE 策略消息、定位服务消息。NAS-SM 协议指的是 UE 和

SMF 之间交互的协议，NAS-SM 用于处理会话管理状态机和流程等。NAS-SM 消息通过 AMF 包含在 NAS-MM 消息中传输。

表 7.4 为 NAS-MM 消息类型列表，表 7.5 为 NAS-SM 消息类型列表。

表 7.4　NAS-MM 消息类型

Bits							5GS mobility management messages
8	7	6	5	4	3	2	1	
0	1	-	-	-	-	-	-	
0	1	0	0	0	0	0	1	Registration request
0	1	0	0	0	0	1	0	Registration accept
0	1	0	0	0	0	1	1	Registration complete
0	1	0	0	0	1	0	0	Registration reject
0	1	0	0	0	1	0	1	Deregistration request (UE originating)
0	1	0	0	0	1	1	0	Deregistration accept (UE originating)
0	1	0	0	0	1	1	1	Deregistration request (UE terminated)
0	1	0	0	1	0	0	0	Deregistration accept (UE terminated)
0	1	0	0	1	1	0	0	Service request
0	1	0	0	1	1	0	1	Service reject
0	1	0	0	1	1	1	0	Service accept
0	1	0	0	1	1	1	1	Control plane service request
0	1	0	1	0	0	0	0	Network slice-specific authentication command
0	1	0	1	0	0	0	1	Network slice-specific authentication complete
0	1	0	1	0	0	1	0	Network slice-specific authentication result
0	1	0	1	0	1	0	0	Configuration update command
0	1	0	1	0	1	0	1	Configuration update complete
0	1	0	1	0	1	1	0	Authentication request
0	1	0	1	0	1	1	1	Authentication response
0	1	0	1	1	0	0	0	Authentication reject
0	1	0	1	1	0	0	1	Authentication failure
0	1	0	1	1	0	1	0	Authentication result
0	1	0	1	1	0	1	1	Identity request
0	1	0	1	1	1	0	0	Identity response
0	1	0	1	1	1	0	1	Security mode command
0	1	0	1	1	1	1	0	Security mode complete
0	1	0	1	1	1	1	1	Security mode reject
0	1	1	0	0	1	0	0	5GMM status
0	1	1	0	0	1	0	1	Notification
0	1	1	0	0	1	1	0	Notification response
0	1	1	0	0	1	1	1	UL NAS transport
0	1	1	0	1	0	0	0	DL NAS transport

7.5　NAS-SM 消息类型

Bits								5GS session management messages
8	7	6	5	4	3	2	1	
1	1	-	-	-	-	-	-	
1	1	0	0	0	0	0	1	PDU session establishment request
1	1	0	0	0	0	1	0	PDU session establishment accept
1	1	0	0	0	0	1	1	PDU session establishment reject
1	1	0	0	0	1	0	1	PDU session authentication command
1	1	0	0	0	1	1	0	PDU session authentication complete
1	1	0	0	0	1	1	1	PDU session authentication result
1	1	0	0	1	0	0	1	PDU session modification request
1	1	0	0	1	0	1	0	PDU session modification reject
1	1	0	0	1	0	1	1	PDU session modification command
1	1	0	0	1	1	0	0	PDU session modification complete
1	1	0	0	1	1	0	1	PDU session modification command reject
1	1	0	1	0	0	0	1	PDU session release request
1	1	0	1	0	0	1	0	PDU session release reject
1	1	0	1	0	0	1	1	PDU session release command
1	1	0	1	0	1	0	0	PDU session release complete
1	1	0	1	0	1	1	0	5GSM status
1	1	0	1	1	0	0	0	Service-level authentication command
1	1	0	1	1	0	0	1	Service-level authentication complete
1	1	0	1	0	1	1	1	Remote UE report
1	1	0	1	1	0	0	0	Remote UE report response

本 章 小 结

本章介绍了 5G 接口协议，给出了服务化接口的协议栈，重点阐述了服务化接口和非服务化接口示例，加深读者对 5G 接口协议的理解与认识。

第 8 章　5G 核心网关键技术

8.1　云　原　生

8.1.1　运营商面临的挑战和驱动力

美国运营商 AT&T 的 CEO John Donovan 曾说，他们正在为自己的生存打一场三线战争：OTT 玩家的架构战、与传统竞争对手争夺相同收入的战争，以及在三者中赢得其中两个即为失败的内部战争。确实，随着 OTT 厂商的跨界竞争，传统运营商的业务逐渐被侵蚀，这导致运营商传统的语音业务收入和 ToB 业务都急剧萎缩，业务结构和收入结构都面临巨大挑战。

1. 电信收入面临结构性挑战

随着云计算技术的大量运用，云计算的市场规模逐步扩大，亚马逊的 CEO 曾经说过，AMS 是一项价值万亿美元的业务，AMS 很有可能成为亚马逊最大的业务。以亚马逊为代表，各个互联网厂商纷纷提供公有云服务，包括腾讯、阿里都建立自己的公有云服务，以及 DC 间的连接。电信业务结构的变化如图 8.1 所示。这些举动逐渐侵蚀运营商业务，导致运营商的收入面临结构性挑战。

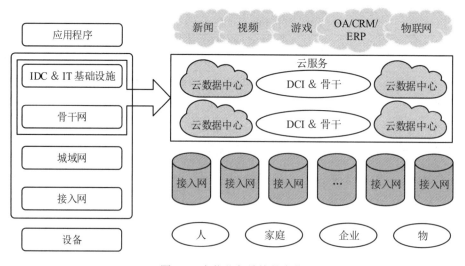

图 8.1　电信业务结构的变化

运营商传统的骨干网，数据中心的业务，逐步被云服务所替代，而运营商在云服务市场中被互联网厂商远远地甩在身后。毋庸置疑，云服务是个巨大的市场，运营商迫切希望改变原有的业务模式，进入云计算领域，获取更多的市场价值。

2. 效率和成本面临结构性挑战

要进入新的云计算市场，运营商自身还存在巨大的不足。传统的运营模式与互联网模式相比，其效率和成本存在巨大的提升空间。

我们简单地对运营商与互联网厂商做一对比，见表 8.1。

表 8.1　运营商与互联网厂商对比

类　型	案　例
运营商案例	运营商 A：现网 IMS 网络拥有 2M 用户，运维人员为 80 人。 运营商 B：IMS 网络拥有 50 个机柜，运维人员为 30 人。 运营商 C：专线业务上线需要 3 个月，故障恢复时间长达两个星期
互联网厂商案例	Netflix：有 100 多个微服务，每天业务更新 1000 多次，拥有 8000 万用户，而维护人员只有 14 人。 Facebook：每 10 万台服务器，需要 5 个维护人员。 Baidu：业务一键上线，6.5 小时可完成 1000 多业务节点的变更

从表 8.1 中可以看出，运营商的网络运营效率相比互联网厂商有巨大的差距。除此之外，其设备硬件成本、网络的运维成本也偏高，70%的重大故障均是人为因素造成的。TELUS首席无线架构师 Frank Qing 曾说，我们用了 21 世纪的 4G 网络，5G 也快来了，但我们的运行和运维水平还处在 18 世纪！机械制造都走向自动化了，电信业还处于手工业的阶段。

3. 产品上市周期(Time to Market，TTM)面临结构性挑战

运营商的业务上线时间通常为几十个月。以中国移动为例，若要建设一个全国性的移动网络(以 25 万基站的建设为例)，所耗费的 TTM 为 30 个月，如图 8.2 所示。

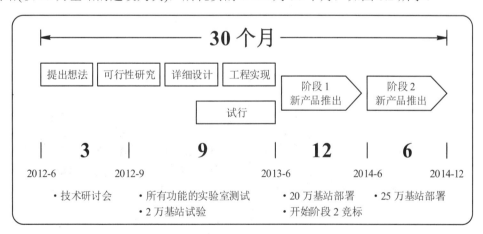

图 8.2　电信业务上线周期

但微信的上线时间只有短短 9 周，如图 8.3 所示。因此运营商迫切希望缩短网络建设和业务上线的时间，提升竞争力，以便和互联网厂商争夺新的市场。

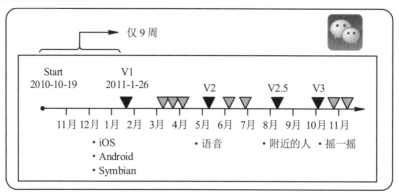

图 8.3　互联网业务上线周期

4. 运营商陷入内卷窘境

近年来，运营商的网络流量越来越大，但其收入却没有提升，反而陷入了提速降费、增量不增收的窘境。以中国工信部的统计数据为例，从 2010 年到 2017 年，运营商的总量增长和收入增长的剪刀差越来越大，如图 8.4 所示，这一问题推动了 2017 年云原生技术的进一步发展(见 8.1.4 节)。

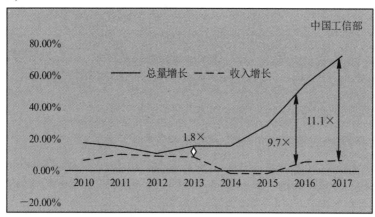

图 8.4　运营商业务增量不增收

随着中国市场逐渐饱和，用户规模难以继续提升，用户的增长陷入三个运营商之间互相倒手的境地，内卷程度越来越惨烈。曾经寄予众望的双卡用户最后也陷入"一人饭，两碗吃"的尴尬境地，如图 8.5 所示。

图 8.5　中国运营商之间陷入无效的内卷

不仅中国运营商存在内卷的问题，全球各地运营商普遍面临着增量不增收的挑战。尽管国外运营商的用户规模还有较大的提升空间，但是其收入却陷入了下滑的境地。以印度运营商的月均每户上网流量(Dataflow Of Usage，DOU)为例，其 DOU 增长数倍，但是大多数运营商的收入却呈下滑趋势，如图 8.6 所示。

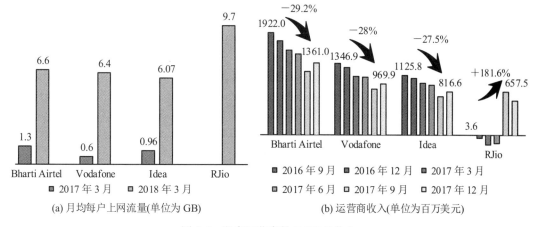

(a) 月均每户上网流量(单位为 GB)　　　　(b) 运营商收入(单位为百万美元)

图 8.6　印度运营商的 DOU 及收入

5. 运营商云化转型实践

为了应对以上挑战，各大运营商均推出了新的网络转型战略，如图 8.7 所示。美国运营商 AT&T 宣布 Domain 2.0，即到 2020 年实现 75%网络功能虚拟化，成为一家以软件为核心的综合通信企业；中国电信提出 CTNet2025 网络演进架构，即到 2025 年 80%网络功能软件化，全部业务平台实现云化，业务可全网统一调度；中国移动推出下一代革新网络——NovoNet 2020，愿景是"新架构、新运营、新服务"，核心技术是网络功能虚拟化(Network Function Virtualization，NFV)和软件定义网络(Software Defined Network，SDN)，关键是 IT 和 CT 深度融合；等等。纵观这些运营商，尽管网络规划的节奏不一，但其思想均是在当前云计算热潮不断蔓延的背景下，借助云化转型，重构网络架构，适应业务和网络的变革，提升整体效率，降低网络运营成本。

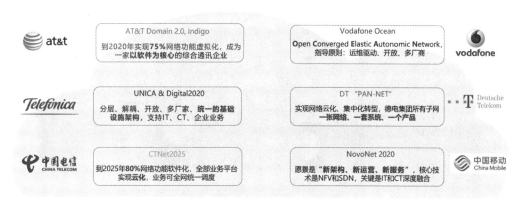

图 8.7　全球头部运营商转型战略

接下来对典型运营商 2020 转型战略进行解读。

(1) AT&T Domain 2.0。

AT&T Domain 2.0 如图 8.8 所示。AT&T Domain 2.0 以架构为先,"开放"是根本,目标是力争成为超级运营商。AT&T Domain 2.0 具有如下特点:

① 商业敏捷:从"运营商定义业务"到"用户定义业务",丰富了用户可定义的服务与特性(1000+)。

② 网络重构:从"以电信中心办公室为中心"到"以数据中心为中心",软硬件解耦,软件功能云化,提升灵活性。

③ 生态建设:从"一级运营商"到"超级运营商",从传统的供应商买卖关系到产业链生态系统建设,与软、硬件供应商合作,分享收入。

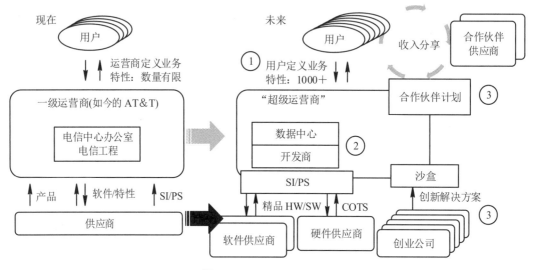

图 8.8 AT&T Domain 2.0

(2) MTN 2020 战略。

MTN 2020 战略如图 8.9 所示。敏捷、灵活和缩短 TTM 是其三大基本目标,通过 Global Orchestrator 支撑与简化数字业务的商业运营,云化的网络与 ICT 基础设施能够按需灵活扩展。

图 8.9 MTN 2020 战略

基于对典型运营商 2020 转型战略的解读,可以看出,运营商通过网络的转型期望实现提升新业务上线速度、提升运营效率、降低 TCO 三个目标。

6. 网络架构转型

传统网络具有以下特点：以行政区域为中心；垂直独立，烟囱式；软硬一体化；控制转发功能合一。传统网络的灵活性和开放性在云计算时代面临巨大的问题。随着 SDN、NFV 和云计算技术的发展，迫切需要对传统网络进行重构。如何进行网络架构转型，电信界的共识是："借助 NFV、SDN 和云计算等新技术，把传统的封闭独立网络，重构为以分布式 DC 为中心，以统一资源池为基础，具备弹性、敏捷、自动化能力的新型云化网络"，如图 8.10 所示。

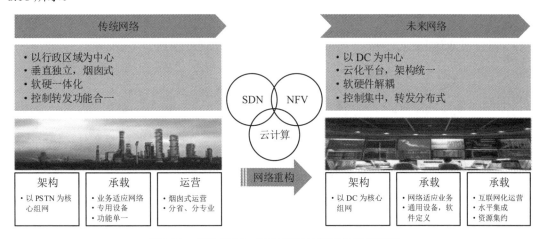

图 8.10 借助 NFV、SDN 和云计算重构电信网络

目标架构的实现，需要全面云化，以实现硬件资源池化、软件分布化和运营自动化。其中，硬件资源池化指的是所有硬件资源(包括网络和 IT 设备)池化，从而实现资源的最大共享；软件分布化指的是软件实现分布化，这样才能具备弹性能力，才能实现故障的灵活处理和资源的调度；运营自动化指的是业务部署、资源调度以及故障处理实现全自动化，不需要人工干预。

8.1.2 电信云的概念

"电信"代表电信行业，"云"代表云计算。虚拟化、容器等云计算相关技术的出现使 IT 行业得到了极大的发展。而传统 CT 领域由于采用专有硬件且软硬件耦合，面临着部署缓慢、软件开发周期长、运营运维复杂、业务部署不灵活等一系列挑战。通过云计算技术对传统的电信网络进行重构，使之具备云基础设施与平台、服务架构、弹性伸缩、分布式、高可用、自动化运维、网络自动化等云原生(Cloud Native)特征，这种云化电信网络即为电信云。

电信云本质上是电信行业的"私有云"，是电信业务的云化平台，是上层业务的云化底座。电信云基于虚拟化、云计算等技术实现电信业务云化，基于 NFV、SDN 关键技术实现网络功能自动配置和灵活调度，基于管理与编排实现业务、网络、资源的协同和调度，是一种软件定义的、高弹性云基础架构，能支持电信运营商加快增值服务，更快响应需求变化。

此外，随着移动互联网的兴起、数字化时代的到来以及 5G 的飞速发展，传统电信运营商的语音、短信等业务被各类互联网应用不断冲击。运营商必须在研发模式、运营模式、服务模式、业务体验等各方面做出改变。采用 NFV 对电信网元进行软硬件解耦，并结合云计算技术可以快速实现网络功能和各种应用的开发与上线。电信网络通过不断的商业创新和极致业务体验来应对互联网时代、数字化时代对电信市场带来的挑战，如图 8.11 所示。

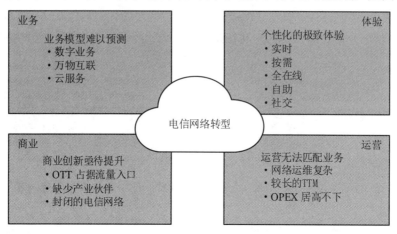

图 8.11   电信网络转型挑战

8.1.3   电信云的发展阶段

电信云发展阶段如图 8.12 所示。

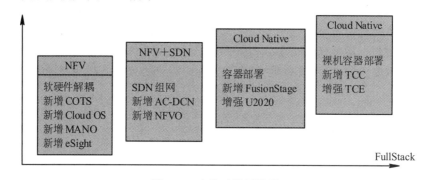

图 8.12   电信云发展阶段

1. 第一个阶段：NFV 阶段

NFV 即网络功能虚拟化，其基本理念是基于标准的 X86 架构服务器、通用存储和交换机等硬件平台，利用虚拟化技术，在虚拟化硬件资源上承载各类功能的软件，从而实现网络功能虚拟化。

NFV 以网络功能虚拟化、软硬件解耦为关键特征。NFV 主要致力于对网络架构中的 L4～L7 层网络功能进行虚拟化，实现底层硬件和软件的解耦，通过虚拟化技术将硬件资源进行虚拟化和池化，进而实现硬件资源的统一管理和弹性调度等。电信业务模式的发展如图 8.13 所示。

在 NFV 阶段，通过 NFV 将电信网元从专用硬件迁移到通用硬件上，基于统一的 NFVI 平台提供业务，节约硬件 CAPEX(资本性支出)；通过 MANO 编排能力实现应用快速部署，缩短 TTM；实现应用在负荷峰值和谷值时的弹性伸缩，提升资源利用率；引入 IT 技术和概念(虚拟化、云化、开源等)，打造开放系统，使能业务创新。

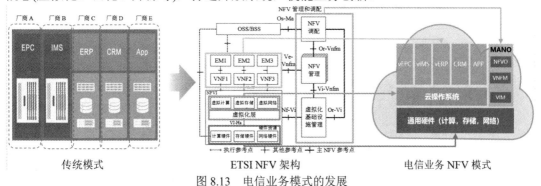

图 8.13　电信业务模式的发展

2. 第二个阶段：NFV+SDN 阶段

SDN 以软件定义网络、网络自动化为关键特征，实现了网络架构中 L1～L3 层的软件化。通过 SDN 技术，将网络设备控制面和数据面尽量分离，在实现网络配置自动化、提升网络部署效率的同时也保证了网络和业务的灵活性。

传统的网络设备(路由器、交换机)分为控制面和转发面。SDN 通过软件的方式实现了转控分离和集中控制，使得转发功能变得简单，控制部分可以实现集中化调度，进而实现统一的全局调度算法优化，从而达到全网性能最优。传统网络向 SDN 的演进如图 8.14 所示。

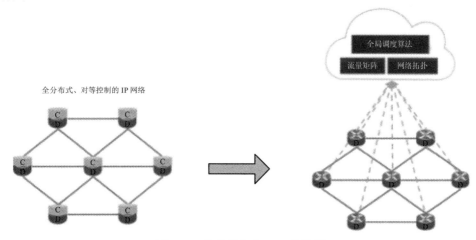

图 8.14　传统网络向 SDN 的演进

SDN 网络包括两种形式：Underlay 网络和 Overlay 网络，如图 8.15 所示。

(1) Underlay 网络：由物理设备和物理链路组成，是物理网络。常见的物理设备有交换机、路由器、防火墙、负载均衡等。这些设备通过特定的链路连接起来，形成了一个传统的物理网络，我们称之为 Underlay 网络。它提供物理连接，需要手工配置。

(2) Overlay 网络：建立在物理网络之上的业务逻辑网络，为业务提供连接服务，随业务发放自动配置。Overlay 网络使用了 VXLAN 隧道技术，在对物理网络不做任何改造的情况下，通过隧道技术在现有的物理网络上创建了一个或多个逻辑网络即虚拟网络，有效解决了物理数据中心，尤其是云数据中心存在的诸多问题，实现了数据中心的自动化和智能化。

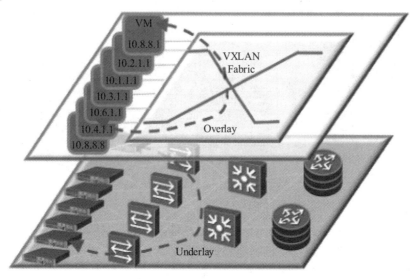

图 8.15　SDN 网络的层次架构

Overlay 网络将二层报文用三层协议进行封装，可实现二层网络在三层范围内进行扩展，同时满足数据中心动态虚拟迁移和多租户的需求。

VXLAN 头部包含一个 VXLAN 标识(VXLAN Network Identifier，VNI)，只有在同一个 VXLAN 上的虚拟机之间才能相互通信。VNI 在数据包中占 24 比特，故可支持 1600 万个 VXLAN 的同时存在，远多于 VLAN 的 4094 个(12 比特)，因此可适应大规模租户的部署。VLAN 是物理网络通过 Overlay 技术向云和虚拟化的深度延伸，使云资源池化能力可以摆脱物理网络的重重限制，是实现云网融合的关键。

一个 Overlay 网络主要由边缘设备、控制面和转发面三部分组成。其中边缘设备是与虚拟机直接相连的设备；控制面主要负责虚拟隧道的建立维护以及主机可达性信息的通告；转发面是承载 Overlay 报文的物理网络。

3. 第三个阶段：Cloud Native 阶段

云原生(Cloud Native)架构来自 IT 领域，它并不是指具体的某一项技术，而是一系列设计和管理范式的集合，包括应用、微服务、持续交付、自动化运维、容器等。云原生以容器部署、服务化架构为关键特征，充分利用云基础设施与平台服务，适应云环境，是具备(微)服务化、弹性伸缩、分布式、高可用、多租户、自动化等关键特征的架构实践。云原生架构在设计之初便以应用部署在云上为目标，充分考虑云的原生特性进行开发及后续运维，而并非将传统应用简单迁移到云上。

云原生架构设计的理念启发了现代云原生和平台即服务(Platform as a Service，PaaS)类型的应用开发的思维方式。云原生计算基金会(Cloud Native Computing Foundation，CNCF)将云原生定义为一系列技术的集合，包括容器、微服务、服务网格、不可变基础设施与声明式 API。

电信云原生是指将云原生理念与技术体系应用于电信网络中。电信云原生要求电信网络功能在设计开发的初期就采用云的思维、云的架构、云的技术，将云的弹性伸缩、快速迭代、智能运维的原生特性融合到电信网络中，增加电信网络云化的灵活性和适应性，提高云资源利用率，缩短网络部署周期，提升迭代开发效率。

电信云原生使用容器基础设施服务进行网元或第三方应用的承载与编排，基于微服务架构进行网络功能的服务功能抽象并进行资源复用，基于 DevOps 提供开发运营一体化及运维流程等。电信云原生的理念和技术体系主要应用于核心网及边缘网络，如 5GC、EPC、IMS、MEC 网络等。

电信云原生是电信网络云化演进的必然阶段，电信网络云化演进是伴随着 NFV 技术的提出、发展和走向成熟而不断迭代前进的。

8.1.4　电信云的关键技术

云原生的概念由 Pivotal 公司的 Matt Stine 于 2013 年首次提出，一直延续使用至今。这个概念是 Matt Stine 根据其多年的咨询经验总结出来的一个思想集合，并得到了 CNCF 的不断完善。

云原生(Cloud Native)是 Cloud 和 Native 的组合词。Cloud 表示应用程序位于云中，而不是传统的数据中心；Native 表示应用程序从设计之初就考虑到云的环境，原生为云而设计，在云上以最佳姿势运行，充分利用和发挥云平台的弹性和分布式优势。

云原生是一套技术体系和一套方法论，而数字化转型是思想先行，从内到外的整体变革。更确切地说，云原生是一种文化，更是一种潮流，是云计算的一个必然导向。

2017 年，云原生应用的提出者之一的 Pivotal 公司在其官网上将云原生的定义概括为 DevOps、微服务、持续交付、容器这四大特征，如图 8.16 所示。

图 8.16　云原生的定义(Pivotal)

云原生技术有利于各组织在公有云、私有云和混合云等新型动态环境中，构建和运行可弹性扩展的应用。云原生的代表技术包括容器、服务网格、微服务、不可变基础设施和声明式 API。这些技术能够构建容错性好、易于管理和便于观察的松耦合系统。结合可靠的自动化手段，云原生技术使工程师能够轻松地对系统做出频繁和可预测的重大变更。

云原生应用架构的设计理念如下：

(1) 面向分布式(Distribution)设计：容器、微服务、API 驱动的开发。

(2) 面向配置(Configuration)设计：一个镜像，多个环境配置。

(3) 面向韧性(Resistance)设计：故障容忍和自愈。

(4) 面向弹性(Elasticity)设计：弹性扩展和对环境变化(负载)做出响应。

(5) 面向交付(Delivery)设计：自动拉起，缩短交付时间。

(6) 面向性能(Performance)设计：响应式，并发和资源高效利用。

(7) 面向自动化(Automation)设计：自动化的 DevOps。

(8) 面向诊断性(Diagnosability)设计：集群级别的日志、度量和追踪。

(9) 面向安全性(Security)设计：安全端点、API 网关、端到端加密。

1. 容器技术

根据 Gartner 的报告，"到 2026 年，全球将有 90%的企业在生产环境中运行容器化应用程序"，而 2021 年这一比例仅为 40%。

1) 什么是容器

顾名思义，容器(Container)是 IT 世界标准化的"集装箱"。就像运输业使用实体集装箱隔离不同的货物，以便通过船只和火车运输，软件开发技术也使用这种容器化的方法。容器是轻量级的操作系统级虚拟化技术，有效地将单个操作系统的资源划分到孤立的组中，以便更好地在孤立的组之间平衡有冲突的资源使用需求，可以让我们在一个资源隔离的进程中运行应用及其依赖项。

虚拟机与容器技术的对比如图 8.17 所示。虚拟机实现了操作系统级别的资源隔离和管理；容器以应用为中心，本质上实现了进程级的资源隔离和管理，是在 OS 内核实现的轻量级资源隔离机制。容器相比虚拟机在安全隔离性上有所降低，但是在资源占用、启动速度方面更有优势。

图 8.17　虚拟机和容器的对比示意图

对比虚拟机和容器的技术特点，如表 8.2 所示。容器主要有以下三个特点。

(1) 极其轻量：只打包了必要的 Bin/Lib。

(2) 秒级部署：根据镜像的不同，容器的部署大概在毫秒与秒之间。

(3) 易于移植：一次构建，随处部署。

表 8.2　虚拟机和容器的特点

比较项	容器(Container)	虚拟机(VM)
设计理念	面向应用的轻量化	面向资源系统级隔离
实现技术	OS 级虚拟化技术,提供应用运行环境	设备级虚拟化技术,提供系统运行环境
资源依赖	直接使用硬件资源(IO)	通过硬件资源虚拟化,性能存在损耗
	高性能,可适应任何 CPU 体系架构,如 X86、ARM、PPC 等	依赖硬件辅助高性能虚拟化,内核的虚拟机(KVM)在 X86 上才具备完整生态
	资源小型化,提升资源效率	—
镜像发布方式	兆字节级,分层镜像	约 10 GB
微服务生态	为微服务提供承载,实现 Build-Ship-Run	—
	丰富的微服务生态:第三方中间件、分布式框架、工具体系、Docker Hub 等	—
开发模式	支持 DevOps CI/CD	—
性能	ms 级部署速度	~5 分钟级部署速度
	计算虚拟化、网络虚拟化、IO 虚拟化略好	—
安全	共享内核空间,安全隔离有待改进和完善	完整系统隔离

容器底层技术使用 Linux Container,简称 LXC 或 Linux 容器,如图 8.18 所示。它是操作系统内核自带能力,是一种内核虚拟化技术(又叫作操作系统虚拟化)。它基于 Linux 内核已实现的轻量级高性能资源隔离机制(cgroups,namespaces,liblxc),提供了轻量级的虚拟化技术,可以在单一主机上运行多个虚拟环境(即容器)以隔离进程和资源,每个虚拟环境拥有自己的进程和独立的网络空间。容器的两项基础能力分别是隔离与资源管理。隔离的能力依赖于 LXC namespaces,资源管理则主要依赖于 LXC cgroups。

Linux Container

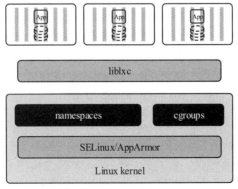

图 8.18　Linux Container

2) 什么是 Docker

Docker 是一个开源的容器引擎，可以管理 Docker 镜像，启动轻量级的容器。它基于容器技术的高级工具，提供了软件封装的一个标准以及实现方式。Docker 把上层业务和运行所需的环境全部打包成一个镜像包，这个镜像包可以在任何具有相同 Linux 内核的系统上运行，而不需要在目标主机上安装类似 JRE 这样的插件。一次打包，随处可用。

Docker 标准化了从 A 主机迁移到 B 主机的规范，是代码方面的集装箱运输系统。

Container 并不等同于 Docker，传统 Container 存在很多缺点，包括：缺少自动化、使用复杂；用法与平台耦合性高，应用范围窄，用户限制大；只解决了 Run，没有解决 Build 和 Ship；各个容器的实现方式千差万别，缺乏统一的标准。而 Docker 提供了 Portable 的标准并且提供了实现路径，如图 8.19 所示，基于该标准的容器 Build 和 Ship 机制，弥补了传统容器的不足，Docker 从而逐渐风靡起来。

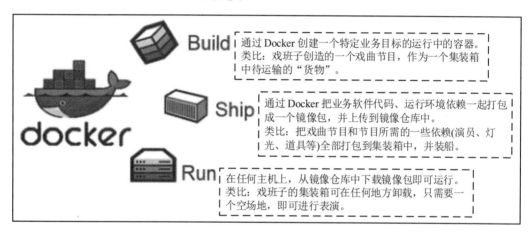

图 8.19　Docker 的三个特点

Docker 包含三个重要的概念：镜像、仓库和容器。

(1) 镜像：用于打包应用及其所依赖的环境。它包含了应用所必需的文件系统及其他元数据(如可执行路径等)。

(2) 仓库：用于存放镜像的仓库。通过上传(Push)和下载(Pull)来传输镜像，从而实现在不同机器上的镜像分享。其中公有仓库允许所有人连接，而私有仓库仅允许有权限的连接。

(3) 容器：基于 Docker 的容器就是一个常规的 Linux 容器。一个运行中的容器完全独立于主机和其他所有进程。

使用 Docker，用户可以轻松地将一个镜像拉起，以容器的形式运行起来，如图 8.20 所示。Docker 改变了软件的交付和部署方式，使容器成为微服务和 DevOps 的最佳载体，实现了在任何平台都可以构建、运输、运行任何应用。

2. 容器编排技术

容器技术的诞生虽解决了应用打包和发布的难题，但单一的容器技术工具并无法支持生产级、大规模容器部署的场景。针对这一场景，容器编排技术就成了容器技术发展的关键。Kubernetes 便是在这样的大背景下诞生的。

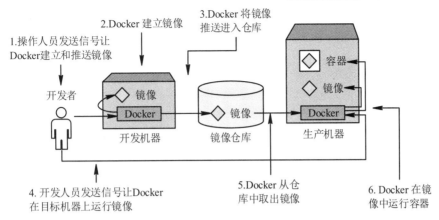

图 8.20　Docker 的使用

Kubernetes 这个名字源于希腊语，意为"舵手"或"飞行员"，是谷歌开源的集群容器编排调度平台。Kubernetes 构建在 Docker 技术之上，为容器化的应用提供资源调度、部署运行、服务发现和扩容缩容等一整套功能。

Kubernetes 是一个可移植、可扩展的开源平台，用于管理容器化的工作负载和服务，可促进声明式配置和自动化。Kubernetes 拥有一个庞大且快速增长的生态，其服务、支持和工具的使用范围相当广泛。

谷歌在 2000 年开始使用容器，从 Gmail、YouTube 到搜索，所有产品都在容器中运行。Kubernetes 代表了谷歌过去十余年设计、构建和管理大规模容器集群的经验。

1) 为什么需要 Kubernetes，它能做什么

容器是打包和运行应用程序的好方式。在生产环境中，需要管理运行应用程序的容器，并确保服务不会下线。例如，如果一个容器发生故障，就需要启动另一个容器。如果将此行为交给系统处理，实现起来会比人工处理容易。

Kubernetes 提供了一个可弹性运行分布式系统的框架，可满足扩展要求、故障转移、部署模式等要求。Kubernetes 提供的六大核心功能如下。

(1) 服务发现和负载均衡：Kubernetes 可以使用 DNS 名称或自己的 IP 地址来暴露容器。如果进入容器的流量很大，Kubernetes 可以使负载均衡并分配网络流量，从而使部署稳定。

(2) 存储编排：Kubernetes 允许用户自动挂载所选择的存储系统，例如本地存储、公有云提供商等。

(3) 自动部署和回滚：用户可以使用 Kubernetes 描述已部署容器的所需状态，它可以以受控的速率将实际状态更改为期望状态。例如，你可以自动化 Kubernetes 来为你的部署创建新容器，删除现有容器并将它们的所有资源用于新容器。

(4) 自动完成装箱计算：Kubernetes 允许用户指定每个容器所需的 CPU 和内存(RAM)。当容器指定了资源请求时，Kubernetes 可以作出更好的决策来为容器分配资源。

(5) 自我修复：Kubernetes 将重新启动失败的容器、替换容器、杀死不响应用户定义的运行状况检查的容器，并且在准备好服务之前不将其通告给客户端。

(6) 密钥与配置管理：Kubernetes 允许存储和管理敏感信息，如密码、OAuth 令牌和其他凭据等。

2) Kubernetes 的架构及关键组件

Kubernetes 的架构如图 8.21 所示。

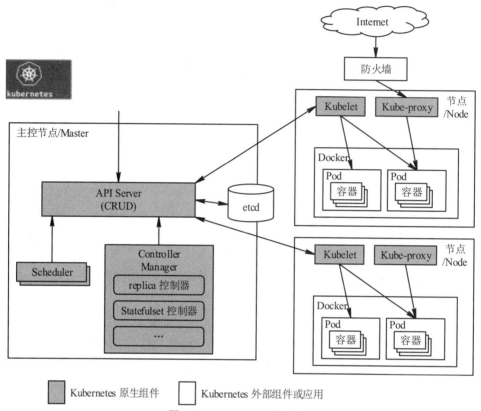

图 8.21　Kubernetes 的架构

Kubernetes 的基本组件如下：

(1) API Server：资源操作入口，提供 watch 机制，屏蔽数据库操作。

(2) Controller Manager：集群资源对象生命周期的控制管理器。

(3) Scheduler：负责 Pod 在各个节点上的分配。

(4) etcd：分布式 KV 数据库，保存整个集群资源对象状态，是系统数据核心。

(5) kubelet：执行器，执行节点中 Pod 的生命周期管理和它们的容器、镜像、卷等。

(6) kube-proxy：服务访问和负载均衡的代理。

一个基础的 Kubernetes 集群(Cluster)包含一个 Master 节点和多个 Node 节点。每个节点既可以是一台物理机，又可以是一台虚拟机。

Master 节点提供的集群控制对集群作出全局性决策，例如调度等。通常在 Master 节点上不运行用户容器。为了实现高可用性，可以创建多个 Master 节点。Master 节点主要负责接收客户端的请求，安排容器的执行并且运行控制循环，将集群的状态向目标状态进行迁移。Master 节点通常包括 apiserver、etcd、controllers 和 scheduler 等组件，如图 8.22 所示。

Node 节点的职责是运行容器应用，由 Master 管理，负责监控并汇报容器状态，同时根据 Master 的要求管理容器的生命周期。

　　节点是创建和运行容器的主机/虚拟机。每个节点都有一些运行的应用容器和被主控节点管理的必要的服务，每个节点都运行 Docker，Docker 负责下载镜像和运行容器。Node 节点通常包含 kubelet、kube-proxy、add-ons 和 container runtime 等组件，如图 8.23 所示。

图 8.22　Master 节点的组件　　　　　图 8.23　Node 节点的组件

　　Pod 是 Kubernetes 的最小工作单元。每个 Pod 包含一个或多个容器。Pod 中的容器会作为一个整体被 Master 调度到一个 Node 上运行。Pod 是一群相互之间存在紧密联系的容器的集合，这些容器原则上必须运行在同一个物理机上。每个 Pod 就像一个单独的机器，拥有自己的 IP、主机名和进程等等，并提供一个应用功能。这个应用功能可以是一个进程，由一个容器来提供服务；还可以由一个主进程和多个辅助进程来协同提供，这些进程分别运行在各自的容器中。

　　如图 8.24 所示，在 Kubernetes 中，Pod 是能够创建、调度和管理的最小部署单元，是一组容器的集合，而不是单独的应用容器。Pod 对应于合设在一起的一组应用，它们运行在一个共享的应用上下文中。同一个 Pod 里的容器共享同一个网络命名空间、IP 地址及端口空间和卷。从生命周期来说，Pod 是短暂的而不是长久的应用。Pod 被调度到节点，保持在这个节点上直到被销毁。

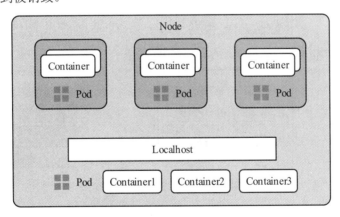

图 8.24　Node 节点中 Pod 的部署

　　引入 Pod 的目的是将联系紧密的容器封装在一个 Pod 单元内，以 Pod 为整体进行调度、扩展和实现生命周期管理。Pod 内所有容器使用相同的网络命名空间和共享存储，即容器拥有相同 IP 地址和端口空间，容器间直接使用 Localhost 通信。当挂载 volume 到 Pod 时，即可实现将 volume 挂载到 Pod 中的每个容器上。

8.1.5 电信云与 5GC 的关系

5G 推动人类社会进入万物互联的时代，并赋能千行百业实现数字化转型。5G 的典型业务包括 eMBB、uRLLC 和 mMTC 三大业务场景。未来随着越来越多的垂直行业使用 5G，要求电信要能够满足千变万化的业务需求，而传统的电信单体结构显然无法适应这种变化。通过虚拟化、云原生技术重构电信网络是核心网发展的必由之路。

随着技术的演进，电信网络的软件经历了从软硬件解耦、程序数据分离(无状态)到如今 5G 网络的微服务架构的变化。可以预见，5G 之后的 5.5G、6G 网络会基于云原生架构进一步进行微服务化。电信软件的发展趋势如图 8.25 所示。

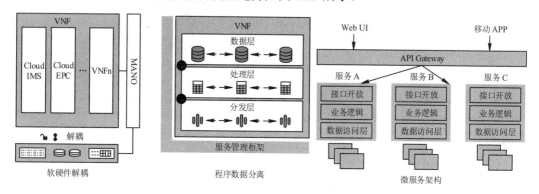

图 8.25　电信软件的发展趋势

电信云作为 5G 核心网的底座技术，已经彻底地重构了传统的核心网。通常来讲，电信云的发展经历了虚拟化阶段，目前正在进行云原生的改造，其发展趋势如图 8.26 所示。

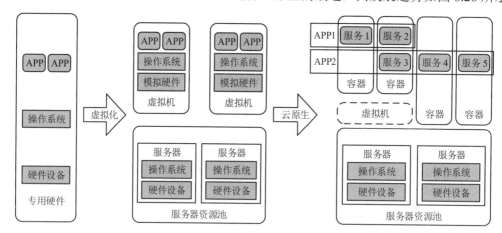

图 8.26　电信云的发展趋势

1. 虚拟化重塑 5G 网元形态

3G 或 4G 的核心网网元中，软件和硬件是一体的，通常采用专用硬件实现，在功能上非常封闭，接口开放性也不足，造成运营商被设备绑定的现象。随着云计算的发展，运营商迫切希望引入开放的云技术，重构现有的封闭核心网架构。早期通常使用虚拟化技术去实现原有网元的功能。

2012 年 11 月，13 家主流运营商联合提出了 NFV 的概念与构想，期望通过 NFV 降低网络运营总体拥有成本(Total Cost of Ownership，TCO)，提高业务部署的灵活性，加快 TTM。NFV 技术的设计初衷是电信领域借鉴 IT 领域的虚拟化技术，在通用的服务器、交换机和存储器中将部分电信网络功能的实现进行软件和专用硬件解耦，从而将网络功能灵活地部署到通用的硬件平台上，并按需在不同的网络位置进行网络功能的实例化和迁移，以及弹性扩容、缩容及自愈，使能新的网络特性快速上线，促进网络业务持续创新。

NFV 技术将传统的核心网网元定义成虚拟化网络功能(Virtualized Network Function，VNF)，通过在通用服务器中按照其承载的业务负载的需求分配基础设施层的计算、存储和网络资源，而这些基础设施层的资源通过虚拟化层 Hypervisor 抽象为虚拟资源，即虚拟机(Virtual Machine，VM)。

如图 8.27 所示，NFV 架构主要分为三层，分别是基础设施层、虚拟网络层和运营支撑层。

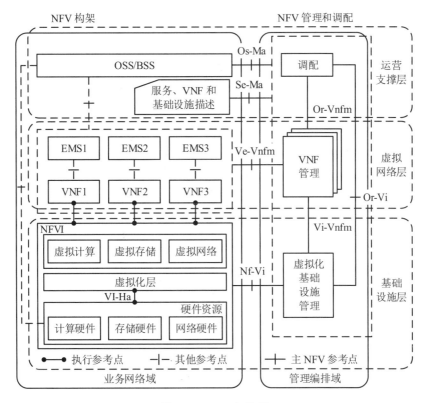

图 8.27　NFV 架构图

基础设施层主要提供计算、存储、网络资源，并对硬件基础资源进行虚拟化，主要以虚拟机的形式提供相关的虚拟资源。

虚拟网络层主要提供具体的网络服务，目前华为基于容器与微服务架构的方式实现了网络功能。

运营支撑层主要提供端到端的网络运营能力，主要包括 BOSS 系统与 NFVO(网络功能虚拟化编排器)解决方案。NFVO 提供了高效、完善的 NS/VNF 业务编排、网络自动化编排、

NFVI(网络功能虚拟基础设施)资源编排，以及灵活、开放的系统架构，帮助用户简单、高效地运维 NFV 网络。

在 NFV 架构中，基础设施层和虚拟网络层则形成电信云，如图 8.28 所示。ETSI 定义了 NFV 的系统框架和接口能力的标准，OPNFV、OpenStack、ONAP 等开源组织提供了具体的实现方案。

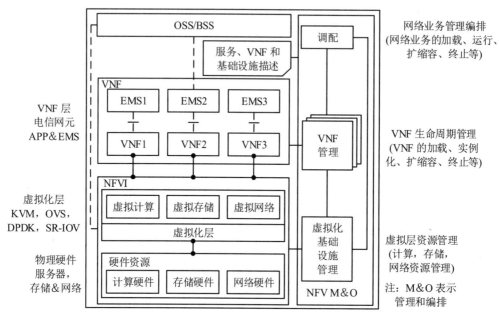

图 8.28　电信云架构图

电信云通常包含 NFVI(如 COTS，CloudOS)、I 层管理、应用层、应用管理(如 NFVO、VNFM 等)，NFVI 是电信云解决方案的一部分。电信云构建统一的云化基础设施平台，支撑 vEPC、vIMS、VAS、第三方 VNF 和 5GC 等多种业务，即 5GC 是电信云平台上面的一个业务。

电信云从 4G 时代就已经开始，云化网络可以更好地支撑 5G 业务发展，5G 也会反过来促进网络云化加速。电信云与 5GC 的关系如图 8.29 所示。

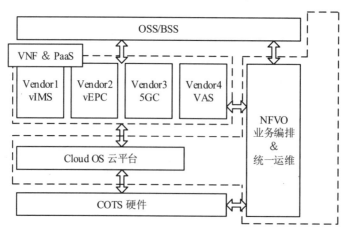

图 8.29　电信云与 5GC 的关系

总体来看，5G 未来业务丰富且业务形态(如 AR/VR、车联网等)多样化，需要基础设施能够敏捷、弹性地支撑业务及切片的诉求，而基于 NFV + SDN 的云化网络可以很好地支撑 5G 业务的开展。总而言之，电信云和 5G 之间是一种松耦合且紧密配合的关系，如图 8.30 所示。

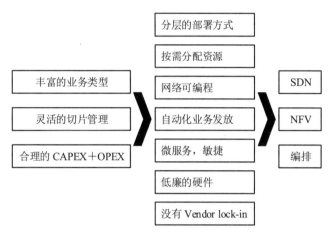

图 8.30　5G 业务需要云化网络的支撑

接下来，我们来看一下这些 VNF 云化的本质。

以核心网的 UGV 网元为例，以前有线路板、业务板、主控板，还有负责交换的交换网板和背板。现在云化之后，功能性的单板都用 VM 来实现，例如线路板 VM、业务板 VM、主控板 VM，还新增一些数据库的 VM。这些 VM 之间的数据交换，是通过数据中心网络来实现的。所以，数据中心网络相当于原来的交换网板和背板，这就对数据中心网络的吞吐量提出了很高的要求。

以前的方式采用专有硬件，上线慢，种类多，成本高。现在，由通用存储、计算和数据中心网络组成了一个 NFVI，也就是一个新的数据中心，在上面可设置一堆虚拟机，装各种云化的 VNF 网元，就像给手机装 APP 一样简单，业务更加敏捷，成本也更低。

2. 云原生成为 5G 核心网演进的基石

云化是 5G 演进的基石，5G 核心网的底座是电信云。5G 初期主要是核心网云化，核心网云化的早期采用虚拟化的方式实现 NFV 的架构，并且 NFV 也取得了一些进展。例如，在软硬件解耦方面，引入 COTS 硬件，避免供应商锁定，并且统一 NFVI 支持不同的 VNF，使得核心网开始聚焦软件而非硬件。此外，NFV 统一分层架构，理论上软件栈开放，具备类 OTT 的敏捷能力，使得新 VNF 上线更容易。尽管如此，NFV 的大多数初衷却都没有实现，比如在实际中并没有节省 CAPEX(资本支出)，很多时候还导致 OPEX(运营成本)增加，以及耗费更多的集成时间，如图 8.31 所示。

迄今为止，83%的 NFV 部署是"虚拟盒子"的实现，其中单个供应商实现所有堆栈组件。为所有 VNF 构建端到端编排平台难度大，而这些平台只占 NFV 部署的 2%(来源于 Analysys Mason 2018 战略报告)。

随着容器成为主流，其相比虚拟化技术更加敏捷且性能优势更加明显，因此核心网逐渐采用云原生(容器化)的方式进行重构，如图 8.32 所示。

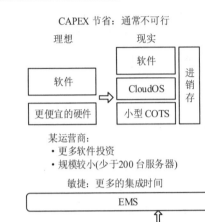

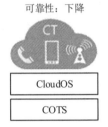

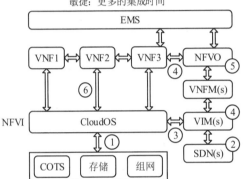

图 8.31　NFV 实现问题

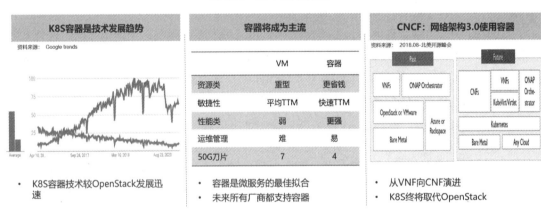

图 8.32　容器化成为未来电信云的主流

云原生是指能够充分利用和发挥云的功能、技术、特性的应用、技术、平台、方法论、解决方案等。云的特征和技术包括弹性、容错、运维自动化、自服务、可观察、不可变基础设施、支持敏捷业务、声明式 API 等。应用包括长周期的应用，也包括状态应用、大数据计算类应用等。云原生不只是云原生应用、云原生技术，也不只是生在云上(在云上开发)、长在云上(云上迭代)，还不只是软件架构设计思想，云原生既包括云平台本身的能力支持，又包括云上工作负载的抽象，使得云上的云原生工作负载能充分发挥云的价值，如图 8.33所示。

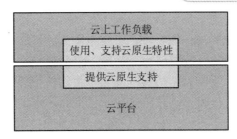

图 8.33　云原生概念

ETSI NFV 标准将云原生 VNF 定义为完全遵循云原生设计原则或正在向云原生设计原则转变的 VNF。这些设计原则基于现代软件架构的最佳实践，确定了云原生 VNF 对弹性、可伸缩性、可分解性、位置独立性、零接触(Zero-touch)运维管理、负载均衡的相关要求。这一阶段以在 VNF 层引入轻量化的操作系统级的虚拟化技术(如容器)为主要特征，支撑网络功能走向服务化或微服务化，以实现敏捷开发、持续交付、快速迭代的 DevOps 过程，加快云化网络创新。云原生阶段对电信行业组织变革和运维的影响非常深刻，多个标准组织和开源社区已经积极开展相关的工作实践，并发布了白皮书。5G 核心网也定义了与云原生的软件架构原则相匹配的服务化架构 SBA、控制与承载分离、网络切片、固定移动融合等云化的关键特性。在电信云原生演进阶段，核心网完成数据中心等基础设施的改造，构建 ICT 运维能力，实现敏捷、可信、安全的电信云运行环境。目前，正处于从 NFV 向电信云原生演进的标准制定关键阶段。

如表 8.3 所示，虚拟化 NFV 和云原生的相似之处在于：它们都将网络功能虚拟化以构建敏捷的 IT 基础设施，两者都使用底层物理服务器来随时扩展和适应用户不论在任何时间和地点都可部署网络功能的需求。不同之处主要在于从底层物理服务器基础设施中抽象出这些网络功能的方式不同。

表 8.3　NFV 与云原生的业务模型比较

目标	NFV	云　原　生
业务焦点	构建优化网络功能和服务	从微服务中构建应用的灵活组装，越来越多地应用到执行网络功能
易用性	单层抽象，模拟熟悉的硬件功能	微服务架构，具有更高层次的抽象
部署和编排对象	一定数量的网络功能	更多微服务和容器
工作载荷	适合表示企业负载	适合表示超大规模负载

NFV 使用 Hypervisor 虚拟化层提供单层抽象，使网络及网络安全功能能够以虚拟机的形式作为专用设备(例如路由器、防火墙等)运行，可以快速部署在通用硬件上。

云原生将每个离散的网络和网络安全功能简化为一个微服务，并封装在自己的容器中，部署在云平台上的通用硬件资源上。云原生的网络功能与云服务类似，可利用开源的编排技术(例如 Kubernetes)，实现跨各种各样的微服务、容器和云编排的功能。

电信云原生的发展历程是产业各方推动 NFV 走向云原生网络，标准和开源相互渗透、协同和促进的结果。一方面，伴随 5G 网络商用部署不断深入，电信云原生产业成熟还有很多亟待完善的工作，需要进一步审视当前基于容器的电信云基础设施，在开源 API 原型基础上进一步做强容器管理的电信级特性，夯实电信云的可靠、可信和安全的基础设施。另一方面，作为电信云统一的运维管理参考架构，NFV 标准框架在设计之初聚焦于虚拟化层资源，未来需要拓展云化基础设施的管理能力，将硬件管理纳入其管理架构，支持跨层的端到端问题定位定界。电信云基础设施的新变化将更好地促进 5G 核心网走向自动化和智能化。

8.2 MEC

多接入边缘计算(Multi-access Edge Computing，MEC)是在靠近物或数据源头的网络边缘侧，融合网络、计算、存储、应用核心能力的分布式开放平台。MEC 能就近提供边缘智能服务，可满足行业数字化在敏捷联结、实时业务、数据优化、应用智能、安全与隐私保护等方面的关键需求。它可以作为联结物理世界和数字世界的桥梁，使能智能资产、智能网关、智能系统和智能服务。

联结性是边缘计算的基础。考虑到所联结的物理对象的多样性及应用场景的多样性，边缘计算需要具备丰富的联结功能，如各种网络接口、网络协议、网络拓扑、网络部署与配置、网络管理与维护。联结性需要充分借鉴并吸收网络领域先进研究成果，如时间敏感网络(Time Sensitive Networking，TSN)、SDN、NFV、网络即服务(Network as a Service，NaaS)、无线局域网(Wireless Local Area Network，WLAN)、窄带物联网(Narrow Band Internet of Things，NB-IoT)、5G 等，同时还要考虑与现有各种工业总线的互联、互通、互操作。边缘计算作为物理世界到数字世界的桥梁，是数据的第一入口，拥有大量、实时、完整的数据，可基于数据全生命周期进行管理与价值创造，将更好地支撑预测性维护、资产管理与效率提升等创新应用；同时，作为数据第一入口，边缘计算也面临数据实时性、确定性、完整性、准确性、多样性等挑战。

边缘计算实际部署具备天然的分布式特征，这要求边缘计算支持分布式计算与存储、实现分布式资源的动态调度与统一管理、支撑分布式智能、具备分布式安全等能力。同时，边缘计算融合了运营技术(Operational Technology，OT)与 ICT 技术，是行业数字化转型的重要基础。边缘计算作为"OICT"融合与协同的关键承载，需要支持在联结、数据、管理、控制、应用、安全等方面的协同。

8.2.1 背景和趋势

随着 5G 网络技术的演进，电信应用场景拓展到了工业制造、交通、教育、医疗等不同的垂直行业业务领域中，用以实现视频监控、无人机巡检、生产自动化、远程教育、远程医疗、XR、云游戏、车联网等新型业务。相比传统的消费者业务，垂直行业的部分业务对网络能力、数据隐私、安全合规等提出了更高的要求。例如在自动化生产场景中，控制系统(PLC)和设备之间的传输时延要求超过 10 ms，电力等行业要求数据不能超出企业园区范围等。

在传统的电信网络架构中，终端之间需要经过无线接入网和集中部署在运营商中心机房的网关设备才能互通。如果访问远程或者云上的服务，甚至还需要通过网关设备连通广域网或互联网，才能最终获取到服务。由于业务服务器、运营商中心机房往往距离终端很远，因此数据传输时延较大，不能满足新业务对端到端超低时延的需求，并且企业内网数据需要先传输到运营商中心机房，再传输到园区业务服务器，这也不满足企业对内网数据不出园区的诉求。

1. 新产业技术的发展要求传输低时延

自动驾驶、远程手术、机器人协助、AR/VR、网络直播等低时延、高带宽业务高速发展，若仅采用云计算模式，则无法满足此类业务的诉求，且会出现卡顿、延迟等问题，这将是用户无法接受的。特别地，对于低时延的业务应用(如自动驾驶、远程医疗诊断)，要求响应的时长小于 10 ms，甚至要求达到 1 ms，如图 8.34 所示。通过终端获取信息后，若要将其传送到网络侧远端的服务器进行处理，再传送回终端，则难以在 10 ms 内完成。

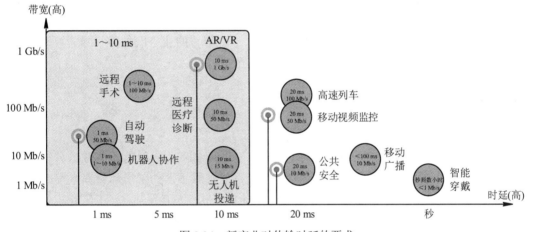

图 8.34　新产业对传输时延的要求

2. 企业信息数字化要求数据传输安全可靠

基于数字化的大数据已成为企业日常生产和发展的基础，隔离、信息孤岛的业务系统已无法帮助企业提升生产效率和生产质量，企业正急需构建汇聚、融合、分析、处理等自动化协助生产的业务系统。如图 8.35 所示，数据在集中传递、分析过程中，对业务系统的可靠性、过程的安全性、有效性等提出了很高的要求，具体如下：

(1) 数据不出园区。企业对生产的关键数据，都存在"数据不出园区"的诉求，即要求数据的分析、处理在企业园区内部完成。

(2) 监测支撑生产。在工业化生产过程中，通过高清图像采集，对精密产品进行高精度识别定位、质量监测、尺寸测量，并通过分析快速反馈监测结果以支撑生产制造。而目前工业相机大多采用有线方式接入，产线新建、调整时需要重新铺设网络，建网成本高，需采用无线的网络建设。

(3) 数据有效性分析。智能终端在工作过程中会产生海量的数据(如视频监控)，若盲目地收集数据，则杂乱无章的数据会给数据的处理带来额外的负担，因此需在网络边缘侧对数据的有效性进行初步的筛查。

数据不出园区，工业数据实时分析   海量数据本地分析处理，有效数据传送网络侧

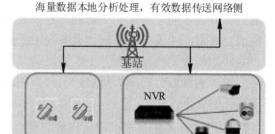

图 8.35　数据不出园区，海量数据本地实时分析处理

传统的核心网部署在网络中心的方案已无法满足通信产业发展的新诉求，于是电信行业提出了多接入边缘计算(MEC)的概念。所谓边缘计算，就是将业务服务器、网关等设备下沉部署在终端接入侧附近，使得终端的业务请求可以直接快速发送到本地业务服务器上，从而通过减少数据传输距离来降低传输时延，提升了用户的业务体验。同时数据直接在本地处理的方式保障了数据的隐私性，降低了数据泄露的风险，提升了企业的数据安全性。针对 2B 场景下部分企业对数据隐私的强需求，下沉部署的业务服务器、网关等设备可以开放给企业进行自管理，最大限度地保障数据安全与隐私。

8.2.2　MEC 的架构

1. ETSI MEC 标准架构介绍

边缘计算在传统通信网络的基础之上增加了业务服务器，以针对不同业务、行业需求部署不同的应用。因此，实现边缘计算首先要明确业务服务器的部署和管理方案。在这方面，ETSI MEC 行业规范组(Industry Specification Group，ISG)率先进行了研究和标准化工作，提出了当前主流边缘计算架构及方案。

ETSI MEC ISG 于 2014 年 9 月成立，到目前为止，它已经开展了三个阶段的研究和标准化工作。

第一阶段聚焦边缘计算的基础研究，分析了 MEC 的应用场景及技术要求，并在其基础之上定义了 MEC 的标准架构。MEC 标准架构使用了虚拟化的技术，将通用计算服务器作为边缘的业务服务器，在上面运行虚拟化的边缘应用，以处理终端的业务需求。ISG 对虚拟化边缘应用的部署、资源管理、配置等功能和接口进行了定义。此外，参考服务化架构的设计，ISG 设计了基于服务注册发现的应用互访和通信机制。

第二阶段重点拓展了对垂直行业的支持，研究了车联网(V2X)、物联网(IoT)等特定场景的需求，制定了相应的服务 API。此外对其他接入方式(如固网、WLAN 等)，以及 MEC 系统的集成和应用做了研究。在这个阶段，工作组名称的含义从 Mobile Edge Computing(移动边缘计算)拓展成了 Multi-access Edge Computing(多接入边缘计算)，边缘计算的概念从蜂窝移动网络延伸到了普适的接入网络。

从 2020 年开始，ETSI MEC ISG 启动了第三阶段的标准化工作，加强了跨标准组织的协同，依据 3GPP、GSMA 等其他组织的输入，开始针对不同 MEC 系统的协同互联、MEC 系统与 3GPP 网络能力协同等方向进行研究。

ETSI 定义的 MEC 标准架构如图 8.36 所示，主要解决边缘应用软件的加载、应用的实例化和部署、网络配置和对接、应用服务的注册和访问等问题。

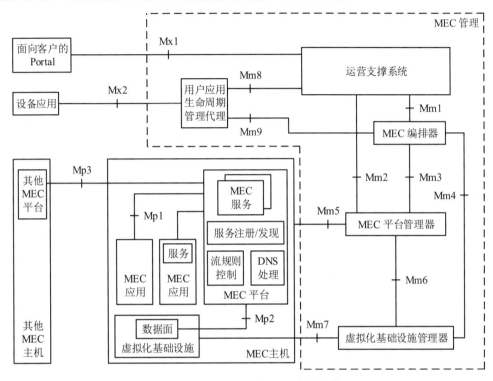

图 8.36　ETSI 定义的 MEC 标准架构

MEC 主机是整个边缘计算业务的核心，它包含底层的虚拟化基础设施，以及上面运行的 MEC 平台和各种 MEC 应用，其功能如表 8.4 所示。

表 8.4　MEC 主机的部件/逻辑模块及其主要功能

部件/逻辑模块	主要功能描述
虚拟化基础设施	(1) 提供运行 MEC 应用所需的计算、存储、网络资源。 (2) 包含的数据面能够执行来自 MEC 平台配置的流规则，将报文路由给 MEC 应用、系统中的 DNS 服务器/代理、3GPP 等接入网络以及企业本地或者外部互联网等，此外还可实现负载均衡等能力
MEC 平台	(1) 接收 MEC 平台管理器下发的流规则配置并下发给数据面处理。 (2) 接收 MEC 平台管理器下发的 DNS 策略并配置到 DNS 服务器中。 (3) 提供 MEC 应用管理能力，主要包括： ① 提供开放 API GW 功能的能力。 ② 集成 MEC 应用运维状态监控能力。 ③ 为 MEC 应用提供服务治理能力，例如发布、发现、订阅、消费等。 (4) 提供 MEC 增值服务，如定位服务等
MEC 应用	(1) 为终端或其他 MEC 应用提供服务。 (2) 与 MEC 平台一起完成应用生命周期、服务治理、流规则等的相关交互

MEC 管理的部件/逻辑模块及其功能如表 8.5 所示。MEC 管理能提供针对整个边缘计算业务的编排和管理能力，为运营商运维人员提供全局资源和边缘服务视图，监控并管理边缘计算业务的状态，以保障边缘计算业务的服务质量及可靠性。此外，MEC 管理对客户、应用开发者等提供接口，实现业务需求的收集、边缘计算需求的下发和部署、使用情况上报等。

表 8.5　MEC 管理的部件/逻辑模块及其主要功能

部件/逻辑模块	主要功能描述
运营支撑系统	从面向客户的 Portal 或者终端设备的 APP 上接收对边缘计算服务的请求，对这些请求进行授权和处理，并通过 MEC 编排器完成边缘应用的部署和服务的发放
用户应用生命周期管理代理	与终端设备上的 APP 对接，接收其对边缘应用的管理请求
MEC 编排器	(1) 维护系统的总体视图，例如部署的主机、可用资源、可用服务、拓扑信息等。 (2) 应用包管理，例如软件仓库管理，对程序包的完整性和真实性、包中的应用描述模板、配置规则进行验证等。 (3) 基于 MEC 应用对网络能力的需求及基础设施的状态选择合适的 MEC 主机部署应用。 (4) 触发 MEC 应用实例化或终结以及迁移等操作
MEC 平台管理器	(1) MEC 应用实例生命周期管理，收集 MEC 应用生命周期状态并上报给 MEC 编排器。 (2) 管理 MEC 平台，例如实现平台部署、MEC 增值服务部署等。 (3) 流规则和 DNS 规则管理，例如接收配置并在各 MEC 平台分发。 (4) 收集各个 MEC 主机虚拟资源状态及故障报告、性能统计结果等
虚拟化基础设施管理器	(1) 分配、管理、释放虚拟化资源(例如 VM、容器)。 (2) 接收和存储软件镜像。 (3) 上报虚拟化资源的性能和故障信息。 (4) 提供可选的应用迁移能力

总体来看，ETSI MEC ISG 提供的架构方案如下：

MEC 系统的管理者将应用开发者提供的 MEC 应用包加载到 MEC 编排器上，在应用包检查合格之后再将其存放到系统中。客户可以通过 Portal 或者终端 APP 申请边缘计算服务，运营支撑系统通过调用 MEC 编排器进行相应应用的部署。MEC 编排器调用 MEC 平台管理器实现应用的生命周期管理，而 MEC 平台管理器调用虚拟化基础设施管理器完成虚拟资源(如 VM)的分配、释放以承载 MEC 应用。应用在部署后，可以调用 MEC 平台提供的应用管理服务，实现服务的注册、发现，并通过数据面连通外部网络(如 5G 移动网)，最终服务客户。

除业务服务器的部署管理外，ETSI MEC ISG 还定义了一些标准化的边缘服务。这些服务可由 MEC 平台或者 MEC 应用提供，为部署在 MEC 主机上的 MEC 应用提供服务注册与发现等基础服务能力，获取接入网络信息、用户位置信息等与网络侧协同的服务能力，以及在 IoT、V2X 等特定场景下应用的服务能力。

2. ETSI MEC 和 NFV 协同架构介绍

4G/5G 时代，运营商使用 NFV MANO(NFV 管理和编排系统)技术完成了电信云的搭建和转型。而 MEC 系统同样基于虚拟化基础设施进行搭建。在部署 MEC 系统时，会发现 MEC 的虚拟资源管理功能与 NFV MANO 的已有能力有所重复。为了避免部署两套冗余的系统，ETSI MEC ISG 还定义了 ETSI MEC 和 NFV 协同架构，将 MEC 系统与 NFV MANO 进行融合，复用 NFV MANO 的虚拟资源管理编排能力，将 MEC 应用、MEC 平台等组件作为 VNF 部署在虚拟化基础设施上，而 MEC 系统重点关注边缘应用的配置以及边缘服务的管理工作。ETSI MEC 和 NFV 协同架构如图 8.37 所示，其部件/逻辑模块的主要功能如表 8.6 所示。

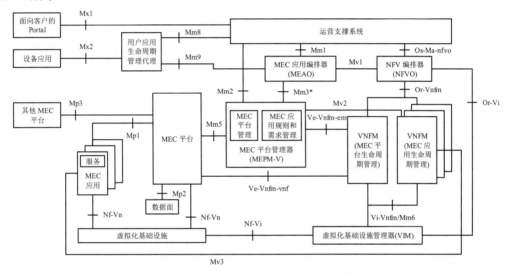

图 8.37　ETSI MEC 和 NFV 协同架构

表 8.6　ETSI MEC 和 NFV 协同架构的部件/逻辑模块及其主要功能

部件/逻辑模块	主要功能描述
运营支撑系统	从面向客户的 Portal 或者终端设备的 APP 上接收对边缘计算服务的请求，对这些请求进行授权和处理，并通过 MEC 应用编排器完成边缘应用的部署和服务的发放
用户应用生命周期管理代理	与终端设备上的 APP 对接，接收其对边缘应用的管理请求
MEC 应用编排器(MEAO)	(1) 维护系统的总体视图，例如部署的 MEC 应用及 MEC 平台信息等。 (2) 应用包管理，例如软件仓库管理，对程序包的完整性和真实性、包中的应用描述模板、配置规则进行验证等。 (3) 触发 MEC 应用实例化或终结以及迁移等操作
NFV 编排器(NFVO)	(1) 接收 MEC 应用编排器发送的应用包及应用实例化、终结请求，与 VNF 管理器、虚拟化基础设施管理器交互，完成 MEC 应用的实例化、终结等操作。 (2) 从虚拟化基础设施管理器上获取虚拟化资源的性能和故障信息
VNF 管理器(VNFM)	(1) 与 NFV 编排器交互，完成 MEC 应用的实例化、终结等操作。 (2) 与 MEC 平台管理器交互，完成 MEC 平台的部署等操作

部件/逻辑模块	主要功能描述
MEC 平台管理器 (MEPM-V)	(1) MEC 管理应用，收集 MEC 应用状态并上报给 MEC 应用编排器。 (2) 管理 MEC 平台，例如状态监控、平台生命周期管理等。 (3) 管理流规则和 DNS 规则，例如接收配置并在各 MEC 平台分发
虚拟化基础设施管理器(VIM)	(1) 分配、管理、释放虚拟化资源(例如 VM、容器)。 (2) 接收和存储软件镜像。 (3) 上报虚拟化资源的性能和故障信息。 (4) 提供可选的应用迁移能力
虚拟化基础设施	提供运行 MEC 应用、MEC 平台所需的计算、存储、网络资源
数据面	执行来自 MEC 平台配置的流规则，将报文路由给 MEC 应用、系统中的 DNS 服务器/代理、3GPP 等接入网络以及企业本地或者外部互联网等，此外还可实现负载均衡等功能
MEC 平台	(1) 接收 MEC 平台管理器下发的流规则配置并下发给数据面处理。 (2) 接收 MEC 平台管理器下发的 DNS 策略并配置到 DNS 服务器中。 (3) 提供 MEC 应用管理能力，主要包括： ① 提供开放 API GW 功能的能力。 ② 集成 MEC 应用运维状态监控能力。 ③ 为 MEC 应用提供服务治理能力，例如发布、发现、订阅、消费等。 (4) 提供 MEC 增值服务，如定位服务等
MEC 应用	(1) 为终端或其他 MEC 应用提供服务。 (2) 与 MEC 平台一起完成应用生命周期、服务治理、流规则等的相关交互

3. ETSI MEC 标准架构与 ETSI MEC 和 NFV 协同架构的比较

相比于 ETSI MEC 标准架构，ETSI MEC 和 NFV 协同架构中部分组件的名称和功能有所更改：

MEC 平台管理器更名为 MEPM-V(MEC Platform Manager-NFV)，对应 ETSI NFV 架构中的 EM 功能，并将应用生命周期管理的功能从中移除，由 VNFM 来实现。

MEC 编排器更名为 MEAO(MEC Application Orchestrator)，它调用 NFVO 实现资源的管理和编排。

更改后将虚拟资源管理等相关的能力从 MEC 管理功能迁移到 NFV MANO 系统中，利用 NFV MANO 的已有能力完成 MEC 应用及 MEC 平台的部署，从而实现两个架构的有机结合。

8.2.3　MEC 的原理

MEC 是在靠近人、物或数据源头的网络边缘侧，融合网络、计算、存储、应用核心能力的开放平台。在 3GPP R15 基于服务化的架构中，5G 协议模块可以根据业务需求灵活调用，这为构建边缘网络提供了技术标准，从而使得 MEC 可以按需、分场景灵活部署在无线接入云、边缘云或者汇聚云上。

MEC 可通过对 4K/8K、VR/AR 等高带宽业务的本地分流，减少对核心网络及骨干传输网络的占用，有效提升运营商网络的利用率。MEC 还可通过内容与计算能力的下沉，使得运营商网络可有效支撑未来时延敏感型业务(车联网、远程控制等)，以及大计算和高处理能力需求的业务(视频监控与分析等)，助力运营商实现从连接管道向信息化服务使能平台的转型。MEC 作为边缘云计算环境和网络能力开放平台，将为运营商构建网络边缘生态奠定基础。

MEC 包含连接能力和 MEC 平台两大部分内容。连接能力是指数据分流到本地处理；MEC 平台是指行业 APP 就近部署处理业务。下面分别介绍这两部分内容。

1. ULCL 本地分流

3GPP 针对 5G 用户面的数据分流定义了上行分流器(Uplink Classifier，ULCL)功能。ULCL 是对上行业务数据进行分流并对分流后的下行数据进行聚合的一个处理节点。如图 8.38 所示，ULCL 部署在 UPF 中。

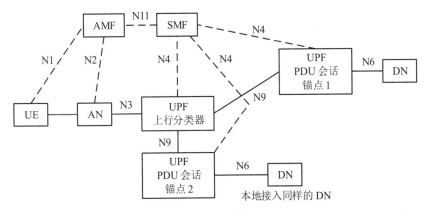

图 8.38　本地分流

UPF 有两种形态：一种是 UPF PDU 会话锚点(UPF PDU Session Anchor，UPF PSA)，另一种是 UPF 上行分类器(UPF Uplink Classifier，UPF ULCL)。

PSA 是终结 GTP 隧道的处理点，并且只有 PSA 才可以出 N6 接口。PSA 有两种形态：UPF PSA1 是 UE 激活时给 UE 分配 IP 的 UPF，因此又叫作主锚点；UPF 作为 UPF PSA2 时，部署是可选的，由于有 UPF ULCL 的插入，UE 的数据要访问边缘的 DN，因此需要 UPF PSA2 作为 PDU 会话锚点，提供到边缘 DN 的 N6 接口，这个 UPF PSA2 一般叫作辅锚点。

UPF ULCL 的入接口是 N3，出接口是 N9。UPF PSA 作为主锚点且无 ULCL 时，入接口是 N3，出接口是 N6；UPF PSA 作为主锚点且有 ULCL 时，入接口是 N9，出接口是 N6。UPF PSA 作为辅锚点时，入接口是 N9，出接口是 N6。UPF ULCL 的功能是对于上行流量按分流规则识别后决定将报文发送到主锚点还是辅锚点，一般是匹配分流规则的报文通过辅锚点出 N6 接口，访问本地 DN，其余的报文通过 N9 GTP 隧道发送到主锚点，访问 Internet；UPF PSA 的功能除主锚点能够为 UE 分配 IP 地址外，主/辅锚点均可以为经过 PSA 的数据完成计费、监听、业务控制等功能。

ULCL 上行分流流程如图 8.39 所示。

UPF ULCL 作为分流器，针对 AN 通过 N3 接口发送的上行 GTP 隧道里的 IP 报文，做

L3/4(IP 地址 + 端口号)的规则匹配，或针对 DNS 报文进行 L7(DNS 域名)规则匹配。对于规则匹配成功的业务流，将通过 N9 接口传递到 UPF PSA2(UPF ULCL 和 UPF PSA2 可以分设或合设)，再通过 N6 接口访问本地 DN(N6 接口上通常需要进行 NAT 处理，下同)。

对于未匹配规则的业务流，则通过 N9 接口传递到主锚点 UPF PSA1，之后经过主锚点的 N6 接口访问中心 DN(一般情况下是 Internet)。

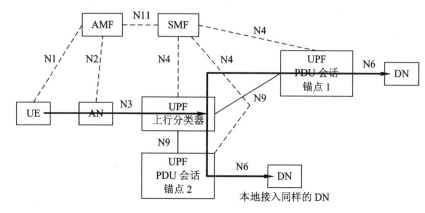

图 8.39　上行分流流程

注 1：图 8.39 中，逻辑上对边缘 UPF 划分了 ULCL 和 PSA。

注 2：针对 L7 规则，在分流场景下，仅能实现基于传输层 UDP、应用层 DNS 协议的 L7 域名规则匹配，原因是针对 TCP 的 L7 在做分流规则匹配时，TCP 建链报文在应用层(例如 HTTP)报文达到 UPF 匹配规则之前，已经按未分流进行了处理，在 L7 匹配规则之后再分流，会因 TCP 建链报文和应用层报文路径不通，而导致业务不通。这是一个固有的限制，不是通过技术手段就能解决的问题。

ULCL 下行聚合流程如图 8.40 所示。

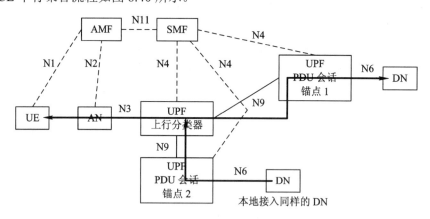

图 8.40　下行聚合流程

上行分流到本地 DN 的数据包对应的下行报文，通过 UPF PSA2 后的 N6 接口发布的网段路由返回 UPF PSA2，或者通过 N6 接口隧道返回 UPF PSA2，UPF PSA2 完成 GTP 隧道封装后发送给 UPF ULCL。

上行路由到中心 DN(一般情况下是 Internet)的数据包对应的下行报文，通过主锚点 UPF PSA1 后的 N6 接口发布的网段路由返回 UPF PSA1，UPF PSA1 完成 N9 接口的 GTP 隧道封装后发送给 UPF ULCL。

UPF ULCL 聚合来自 UPF PSA1 和 UPF PSA2 的下行数据报文,统一封装到 N3 接口的 GTP 隧道中并传递给 AN。

2. MEC 架构的逻辑模块及参考点

ETSI 定义的 MEC 的标准框架如图 8.41 所示。

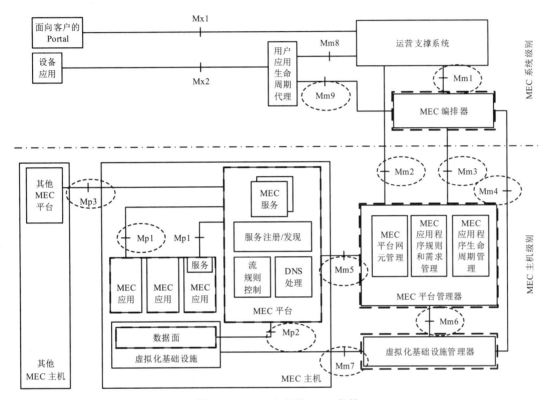

图 8.41　ETSI 定义的 MEC 架构

各逻辑模块(长虚线框)功能介绍如表 8.7 所示。

表 8.7　MEC 逻辑模块功能

模　块	功　能　介　绍
MEC 编排器	(1) 维护系统的总体视图,例如部署的主机、可用资源、可用服务、拓扑信息等。 (2) 应用包管理,例如软件仓库管理。 (3) APP 部署主机选择。 (4) 触发 APP 应用部署实例化或终结。 (5) 触发 APP 应用部署位置迁移
MEC 平台管理器	(1) APP 应用实例生命周期管理,收集 APP 应用生命周期状态并上报给 MEC 编排器。 (2) 管理 MEC 平台网元,包括网元部署、服务部署等。 (3) 管理流规则和 DNS 规则,包括接收配置以及在各个 MEC 平台分发。 (4) 收集各个 MEC 主机虚拟资源状态以及故障报告、性能统计结果等

模　块	功　能　介　绍
MEC 平台	(1) 为 APP 应用提供服务治理能力(如发布、发现、订阅、消费)。 (2) 接收 MEC 平台管理器下发的流规则配置,并通过 Mp2 下发给数据面。 (3) 接收 MEC 平台管理器下发的 DNS 策略并配置到 DNS 服务器中。 (4) APP 集成运维状态监控功能。 (5) MEC Service 提供 APP 基础服务能力,包括开放 API GW 功能的能力
MEC 应用	(1) 运行在 MEC 主机上的容器或 VM 虚机中。 (2) 通过 Mp1 接口与 MEC 平台完成生命周期、服务治理、流规则等的相关交互。 (3) APP 自身也可为其他 APP 提供服务
数据面	包括本地用户平面功能(LUPF)、ME APP 流调度和负载均衡转发,以及业务链转发交换能力(可选)
虚拟化基础设施管理器	虚机化基础设施,提供 VM/容器平台能力

各参考点(短虚线框)功能介绍如表 8.8 所示。

表 8.8　MEC 参考点功能

参考点	功　能　介　绍
Mm1	**应用包管理:** 上线应用包; 查询应用包信息; 删除/放弃删除应用包; 使能应用包,禁止应用包。 **应用生命周期管理:** 实例化应用,终结应用实例; 改变应用实例状态(start/stop)
Mm2	**定义管理信息模型:** OSS 可以从 MEC 平台管理器提取信息模型; MEC 平台管理器可以通知 OSS 信息模型的变化; 配置/激活/去激活分流规则; 配置/激活/去激活 DNS 规则; 故障管理
Mm3	**应用包管理:** MEC 平台管理器向 MEC 编排器查询应用包信息; MEC 编排器通知应用包变化; MEC 编排器通知应用包上线; MEC 平台管理器从 MEC 编排器获取应用包。

续表

参考点	功能介绍
Mm3	**应用生命周期管理：** MEO→MEPM： 实例化应用；终结应用实例； 改变应用实例状态(start/stop)； 查询应用生命周期管理操作状态。 MEPM→MEO： 应用生命周期变化通知
Mm4	管理 MEC 主机的虚拟化资源，监控资源容量； 管理应用程序镜像
Mm5	执行平台配置； 配置应用程序规则和要求； 应用程序生命周期支持程序； 应用程序重定位管理。 注：关于该参考点，ETSI 规范没有进一步的说明或定义，即无标准接口定义
Mm6	管理虚拟资源； 应用生命周期管理
Mm7	NFV 的标准接口
Mm9	管理应用生命周期代理的 MEC 应用请求。 注：关于该参考点，ETSI 规范没有进一步的说明或定义，即无标准接口定义
Mp1	服务注册、发现； 服务可用性查询/订阅/通知； 流规则查询/激活/去激活/更新； DNS 规则激活/去激活； APP 获取平台定时能力、时间戳
Mp2	指示数据面如何在应用程序之间路由流量、网络、服务等。 注：关于该参考点，ETSI 规范没有进一步的说明或定义，即无标准接口定义
Mp3	控制 MEC 平台之间的通信。 注：关于该参考点，ETSI 规范没有进一步的说明或定义，即无标准接口定义

行业 MEC 在部署过程中需要考虑的关键问题有如下几点：

(1) 在联结能力部分，具有差异化、确定性的联结能力是行业的刚性要求。MEC 的演进方向正是从提供通用的联结能力向针对特定行业需求提供增强联结能力转变，以满足不同行业的差异化和确定性联结需求。

(2) 基础设施的差异，由于机房环境条件差异大，如果采用通用硬件，部分边缘机房风火水电和承重改造成本高；不同业务场景也需要差异化组合。

(3) 交付运维，10X 边缘站点需要大量的边缘维护人力和服务；实现了一站式用户面网络功能。

（4）应用集成，快速集成第三方应用，助力运营商成为行业客户数字化转型的首选合作伙伴。

下面针对 MEC 平台几种典型的能力做一个简单的说明。

（1）APP 应用上车。MEC 上的 APP 中，少量严选普及且可以广泛使用的居多，因为可以根据行业需要在各处部署。例如监控视频、工业视觉和工业 AR 等可以规模部署的场景；相关应用在部署之前，需要完成实验室环境下的集成验证，确保可以一次上线成功，并在多切片中可以批量复制。

（2）MEC 企业自服务能力。MEC 作为下沉到园区的关键系统，需要对企业提供良好的监管和操控入口，以实现企业自服务能力。企业统一 Portal 就是一个较好的选择，如图 8.42 所示。借助企业自助 Portal，企业可以完成以下两个维度的工作。

① 自运营：包括商品订购、业务开通、订单/计费管理和切片成员/卡管理。

商城 Portal：2B 商品定义。

商品订购：订单管理，CSMF 对接。

成员/卡管理：UDM/PCF 对接，支持接口流程和参数。

② 自运维：包括业务 KPI 可视、租户网络可维、租户网络可配和 APP 部署与资源监控。

业务 KPI 可视：用户数、带宽、时延，抖动/可用性显示。

MEC：业务 QoS 配置，网络路由等。

5G LAN：企业局域网内的组管理、用户 IP 地址管理。

APP 管理：支持企业自主快速完成 APP 加载/升级。

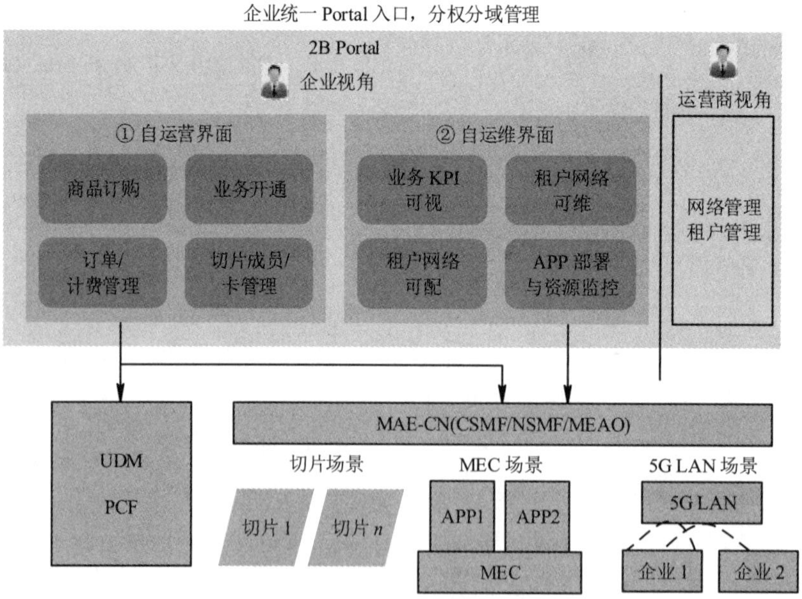

图 8.42　行业用户使用切片的入口

8.2.4　MEC 的应用场景

ETSI 定义了 MEC 的七大应用场景，如图 8.43 所示，包含视频优化、视频流分析、企业分流、车联网、物联网、增强现实和辅助敏感计算。

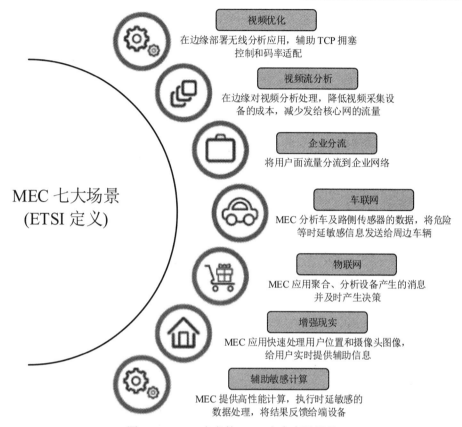

MEC 七大场景
(ETSI 定义)

视频优化
在边缘部署无线分析应用，辅助 TCP 拥塞
控制和码率适配

视频流分析
在边缘对视频分析处理，降低视频采集设
备的成本，减少发给核心网的流量

企业分流
将用户面流量分流到企业网络

车联网
MEC 分析车及路侧传感器的数据，将危险
等时延敏感信息发送给周边车辆

物联网
MEC 应用聚合、分析设备产生的消息
并及时产生决策

增强现实
MEC 应用快速处理用户位置和摄像头图像，
给用户实时提供辅助信息

辅助敏感计算
MEC 提供高性能计算，执行时延敏感的
数据处理，将结果反馈给端设备

图 8.43　ETSI 定义的 MEC 七大应用场景

(1) 视频优化。使用无线网络观看视频时，可能由于无线传输质量的变化产生卡顿、断连等情况，影响用户体验。传统的 TCP 传输协议很难适应无线信道的快速变化，而通过在边缘部署视频优化应用，可以利用实时的网络信息辅助视频服务器进行码率、拥塞控制，从而优化视频观看体验。

(2) 视频流分析。视频信息的传输需要比较大的带宽，但是在一些场景(例如视频监控等)下，大部分画面是静止不动或没有价值的。通过在边缘部署视频内容分析和处理的功能，只将有价值的视频片段进行回传，能够有效节省传输带宽。

(3) 企业分流。企业园区/校园等大流量企业业务主要在本地产生、本地终结，且数据不外发。基于 MEC 可实现低时延、高带宽的虚拟局域网体验。

(4) 车联网。车联网是指车辆通过车载终端进行车辆间的通信，车辆可以实时获取周围车辆的车速、位置、行车情况等信息，并进行实时的数据处理和决策，避免或减少交通事故。车联网要求网络具有大带宽、低时延和高可靠性，MEC 可解决这些网络需求。

(5) 物联网。工业生产、家庭网络环境中部署的 IoT 设备会产生、上报大量的实时数据，这对网络提出了大带宽、实时传输和安全性的要求。通过部署 MEC，可以将 IoT 设备上报的信息在本地进行处理，降低对公共网络的冲击，同时实现数据的实时处理和满足本地保密的需求。

(6) 增强现实。AR 业务需要对设备采集的实时视频信息进行处理，并及时将处理结果反馈到终端设备上，对端到端业务时延提出了很高的要求。此外，业务处理时需要考虑用户的位置、移动等因素，对网络信息也有很强的依赖。在边缘部署 AR 服务，可以降低传输对端到端业务时延的影响，同时更便于结合网络开放能力对业务进行优化。

(7) 辅助敏感计算。结合蜂窝网络和 MEC 本地工业云平台，可在工业 4.0 时代实现机器和设备相关生产数据的实时分析处理和本地分流，实现生产自动化，提升生产效率，满足工控设备超低时延的网络需求。

8.2.5　MEC 的关键技术

1. 本地分流

5G 网络是运营商部署和应用边缘计算的主要场景，为了支持移动终端访问本地的边缘计算服务，3GPP 标准定义了基于 ULCL(Uplink Classifier)的本地分流方案。在该方案中，ULCL 的功能由部署在边缘的 UPF 实现，ULCL UPF 根据 SMF 配置的转发规则对上行数据进行分流，将访问边缘网络的数据直接发送到边缘网络，其他数据则转发给部署于中心侧的 UPF，以便由该 UPF 发送给外部数据网络。

2. 应用服务器的选择

本地分流解决了业务数据如何传输到边缘的问题。为了完成业务处理，还需要选择一个合适的边缘应用服务器来处理业务数据。应用服务器可能有多种部署方式：

(1) 仅部署在边缘网络或大网中。

(2) 同时部署在边缘网络和大网中。

(3) 当网络中部署了多个边缘网络时，应用服务器可能部署在多个边缘网络中。

此时，网络需要为终端选择部署位置最适合的应用服务器。例如，优先选择能为终端提供最短端到端时延的应用服务器。3GPP 标准中引入了新网元边缘应用服务发现功能(Edge Application Server Discovery Function，EASDF)，通过 DNS 解析的方式进行应用服务器的选择。在终端建立会话时，网络将 EASDF 配置为终端的 DNS 服务器。当终端需要访问边缘应用服务器时，终端将 DNS 查询消息发送给该 EASDF，DNS 查询消息包括应用服务器的 FQDN。EASDF 接收到 DNS 查询信息后有两种可能的处理方式，如图 8.44 所示。

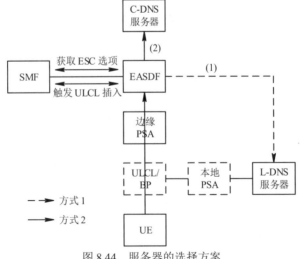

图 8.44　服务器的选择方案

方式 1(边缘部署 DNS 服务器): EASDF 根据终端当前的位置确定所要选择的应用服务器所在的边缘网络,并将 DNS 查询消息发送给该边缘网络中部署的 DNS 服务器(即 L-DNS),由 L-DNS 服务器从该边缘网络中选择应用服务器,并将所选择的应用服务器的 IP 地址添加在 DNS 响应消息中发送给 EASDF。

方式 2(边缘没有部署 DNS 服务器): EASDF 在 DNS 消息中添加 ECS 选项,该 ECS 选项用于指示优选的应用服务器所处的边缘网络,EASDF 将添加了 ECS 选项的 DNS 查询请求发送给中心 DNS 服务器(Central DNS Server,C-DNS),C-DNS 服务器根据 ECS 选项选择优选的边缘网络中的应用服务器。

3. 应用服务器的重选

移动网络中,终端可能发生移动,从而导致终端移动到原本边缘网络覆盖范围之外,或者移动后终端距离其他的应用服务器位置更为接近。此时,需要重选应用服务器。

传统移动网络中,如果终端曾经访问过一个应用,终端通常会保存该应用的 FQDN 与 IP 地址的对应关系,即缓存 DNS 记录。因此,即使终端发生了移动,由于该 DNS 缓存记录的存在,终端不会重新发起 DNS 请求以选择最靠近新位置的边缘网络中的应用服务器,而是会使用缓存记录,仍然访问之前选择的应用服务器,即使该应用服务器已经不能提供最优的服务质量。

为了解决上述问题,3GPP 标准定义了一种刷新 DNS 缓存的方法。在该方法中,当网络(SMF)发现终端移出了边缘网络的覆盖范围时,SMF 给终端发送应用服务器重选指示,携带需要刷新的边缘网络的信息(如 IP 地址段),终端根据重选指示删除对应的缓存 DNS 记录。这样,在终端再次发起应用访问时,由于缓存记录已被删除,终端可以重新发起 DNS 查询,以便选择最近的边缘网络中部署的应用服务器。

4. 5G 网络与边缘网络的协同

在上述本地分流、应用服务器的选择过程中,除了需要移动网络提供终端所在地理位置、边缘网络覆盖范围等信息,还需要边缘系统提供边缘网络的配置信息,以便综合进行应用服务器的选择和 UPF 的配置。例如,边缘系统需要提供部署的应用服务器的 FQDN 的列表、边缘网络所对应的 IP 地址范围等信息,以便 5G 网络配置 UPF,实现本地分流;边缘系统还需要提供应用服务器的实时状态,以便 5G 网络优选应用服务器等。

在应用服务器的重选过程中,还需要 5G 网络与边缘网络的协同,以减少或防止业务中断。当终端即将移出边缘网络的覆盖范围时,5G 核心网可以根据边缘系统的订阅信息,向其发送路径变更通知,边缘系统可基于该通知决定是否在新的边缘网络中重选应用服务器。若需要重选应用服务器,且需要 5G 核心网缓存上行数据以防止在应用服务器切换过程中丢包,边缘系统可指示 5G 核心网进行上行数据缓存。SMF 根据边缘系统的缓存请求,指示 UPF 缓存上行数据包,并建立到新边缘网络的连接(即创建到新边缘网络的本地分流路径)。SMF 在建立新路径之后向边缘系统发送通知消息,指示边缘系统完成应用服务器的切换。当应用服务器切换完成后,边缘系统向 5G 核心网发送指示信息,此时,SMF 指示 UPF 将缓存的上行数据发送给新的应用服务器。这样,可以保证应用服务器切换期间终端发送的上行数据不会由于目标应用服务器切换而丢失,避免造成业务不连续。

此外,5G 核心网还可向部署在边缘网络中的边缘应用提供能力开放功能,例如,向边缘应用提供终端的位置信息、路径的测量信息等，以优化业务处理。为了满足部分应用对高可靠低时延的要求，5G 核心网对能力开放架构进行了增强，以便能以更快的速度将信息开放给边缘应用。在该增强架构中引入了位于边缘网络的本地 NEF，能力开放信息(特别是路径测量信息)可以由本地 UPF 直接发送给本地 NEF，以便本地 NEF 将能力开放信息发送给边缘网络中的应用，避免能力开放信息通过时延较大的控制面路径送达，影响实时性，如图 8.45 所示。

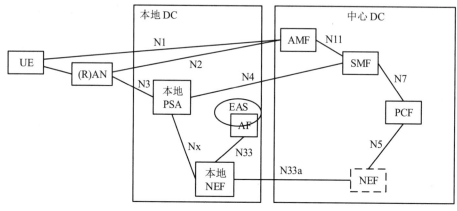

图 8.45　本地能力开放

8.2.6　MEC 的应用

中国移动联合华为等设备提供商设计并提供了基于 5G 网络的电信边缘云方案，如图 8.46 所示。通过结合 5G 网络功能与 ETSI MEC 参考架构，充分发挥其连接和计算的优势，该方案实现了用户数据的本地分流和高效分发，并通过纳入云计算的理念，实现业务的灵活部署和资源的高效管理。目前，电信边缘云方案已在多个行业中开展了应用，并取得了良好的效果。

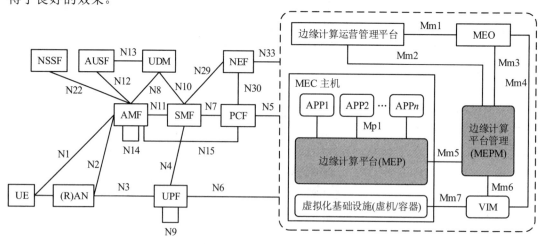

图 8.46　电信边缘云方案

1. 工业制造

随着工业 4.0 的推进，企业对转型自动化、智能化生产，提升工厂运作效率，以及节能减排的诉求逐渐迫切。产品质量检测是企业生产中的一个典型环节，传统的依赖人工的方式可能由于人员水平、状态的原因产生纰漏。通过应用 5G + MEC 解决方案，可以将摄像头捕获的产品图像实时地发送到本地计算平台，并通过 AI 图像识别等技术手段完成产品质量检测，实现快速、准确、稳定的产品检测，从而提高产品质量。

2. 智慧医疗

通过引入 5G + MEC 解决方案，打通乡镇的基层医院与省市的中心医院之间的医疗数据传输通路，构建远程会诊、移动查房、协同手术的智能平台，这种新的 5G 智慧医疗方案可以有效地缓解医疗资源分布不均的问题。此外，通过部署边缘计算平台，医院可以方便地引入新的软件医疗技术，如三维影像重建、医疗影像查看等，帮助医生更快速、准确地进行诊疗和医治。

3. 视频直播

XR、高清视频直播等新业务的出现对网络提出了更高的要求。例如，AR 的实时交互要求时延低于 20 ms，高清影像的传输需要超过 100 Mb/s 的网络带宽。为了满足这类业务的低时延、高带宽需求，降低对终端设备能力的依赖，可以采用 5G + MEC 解决方案，即通过下沉的 UPF 降低传输时延，并通过本地分流避免视频流量与其他大网络的业务竞争，以获得更好的带宽体验。此外，将媒体编码、制作等功能部署在边缘计算平台上，可以增强本地的视频处理能力，有效减轻终端需求。

4. 智能煤矿

煤矿行业通常存在用工环境复杂、恶劣的情况，对生产中的人员生命安全、网络安全、数据安全都十分重视。5G + MEC 方案通过将 UPF 和边缘计算平台部署在企业本地园区，可以满足业务数据不出园区的需求，同时通过无线网络覆盖完成园区、职工的实时状态监控，保障人员安全。除安全外，煤矿行业对业务的可靠性也有很高的要求，希望边缘计算系统在大网失联的情况下也能够正常运转，以保障本地生产、监控等业务不中断。为此，在企业园区本地部署一套应急移动网络控制面功能，保证在园区与中心网络传输中断时，园区生产系统也可以继续运行，提供 99.999%的业务可靠性。应急控制面包含了 AMF 和 SMF 的功能服务，在应急状态下，支持基站选择本地应急 AMF/SMF 服务，基站继续将数据发送到园区 UPF 处理，实现在线业务不中断。

8.3　网　络　切　片

"网络切片"是 5G 区别于 4G 的标志性技术之一。不同于传统的 4G 网络一刀切的形式，5G 网络切片旨在基于统一基础设施和统一的网络提供多种端到端逻辑"专用网络"，以满足行业用户的各种业务需求。这种通过逻辑"专用网络"服务垂直行业的特点，是运营商拓展行业客户、催生新型业务、提高网络价值的有力抓手。目前，电力、媒体、银行、工厂和交通等很多行业伙伴已经对网络切片技术表现出极大的热情，希望借此培育创新的业务、实现产业升级。

从性能指标、功能差异、对网络的需求、运维模式等方面分析后，可将用户对 5G 的需求归纳为如下两大类。

（1）公众网用户需求：全面继承 4G 为个人提供的业务，保证一致甚至更好的用户体验。

（2）行业网用户需求：对于普通行业用户，存在一定的隔离、QoS 保障需求，在连接管理等方面有定制化差异；对于电网、军工、政府等有高度隔离等特殊行业需求的用户，安全等级要求极高。

5G 公众网与行业网可共享核心网硬件资源池、传输资源、无线资源，充分发挥网络规模效应。此外，公众网与行业网是两类不同的切片，用户层面既可以分别采用物联网码号和公众网码号进行隔离，又可以采用独立网元、独立资源、独立基站等，提供多样的灵活架构和配置方式。

8.3.1　背景概述

5G 的应用从传统的移动互联网发展到万物互联的场景，从以人为中心的通信拓展到人与物、物与物的通信。可以预见，5G 将在不久的将来实现万物互联，渗透到工业、交通、医疗等经济社会的各领域，实现"4G 改变生活，5G 改变社会"的美好愿景。

不同于 1G 到 4G，5G 以万物互联为出发点，为了满足各个需求方的网络诉求，5G 网络需要支持多样化的需求，如高速的宽带业务、大规模的互联需求和极低时延的高可靠业务等。5G 需要满足人、物、机器之间的全连接，实现泛在深度互联和个性化定制。面对未来业务的快速变化以及多样化的需求，5G 移动通信网络需要提供按需的网络功能编排能力，为不同的业务提供差异化服务，赋能"千行百业"。

为了满足上述需求，5G 移动通信网络引入了一项能够提供按需定制网络的关键技术——网络切片。网络切片是 5G 网络基于一套共享的网络基础设施提供多个具备特定网络能力和网络特征的逻辑网络的解决方案。5G 借助网络切片灵活定制服务的能力开展全新的商业模式，为垂直行业应用提供按需定制的网络，助力运营商在垂直行业市场的服务。

相比于专用网络，网络切片通过共用基础设施来支持多种垂直行业应用，可以取得更高的资源效率，加速服务上线时间，拥有长期而有效的技术演进和支持，以及开放的生态系统。网络切片是端到端的虚拟移动网络，包括终端、无线设备和核心网设备等各个网络实体。网络切片的各个网络实体可以与其他网络切片共享。网络切片在一定程度上可以满足客户的 SLA 需求，并且，不同的网络切片间需要互相隔离，以保证客户的业务和数据安全。运营商可利用其部署的云基础设施，通过 NFV 架构，并根据客户的 SLA 需求，为客户动态创建和删除网络切片。将网络切片的概念引入 5G 网络架构，结合服务化架构，将有利于运营商为多样化的垂直行业用户定制虚拟网络，满足越来越复杂的网络需求。对于 5G 多样性、差异化的业务，可以通过网络切片技术在一个物理基础设施上建设不同逻辑网络来相互独立地提供服务。同时，每个网络切片还可以独立进行生命周期管理和功能升级，网络运营和维护将变得非常灵活和高效。

图 8.47 是一个典型的 5G 电力网络切片应用的组网示意图。电力企业的业务可分为三类，各自的需求不同。第一类业务是电力生产和输电配电控制，这类业务的优先级高，可靠性要求苛刻，要求端到端控制在 20 ms 时延以内。第二类业务是针对电力生产厂区的视频监控，通过视频远程监控设备是否处于正常运行状态，这类业务也很重要，带宽需求较

大，但是没有严格的可靠性和时延要求。第三类业务是电表数据的采集，以及允许公众用户通过互联网接入电力企业的网站，缴纳电费和查看用电数据，这类业务的优先级最低，带宽需求小，没有可靠性和时延要求。针对上述三类业务，运营商为电力企业部署了三种不同的网络切片，分别承载上述业务。这三种网络切片分别具备特定网络能力和网络特征，并且相互逻辑隔离，可以帮助电力企业快速开展上述三类业务，而不再需要电力企业自己建设庞大的专用通信网络。

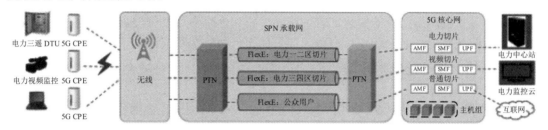

图 8.47　5G 电力网络切片应用的组网示意图

网络切片既有业务的属性，又有资源的属性。站在垂直行业和终端用户的视角，网络切片是运营商在 5G 移动通信网络基础上提供的一项服务，通常人们更关注其业务属性。提供特定网络功能和网络特征的逻辑网络是网络切片(Network Slice)的定义，这就突出了其业务属性。站在运营商的视角，还需要考虑网络切片的资源属性。网络切片实例(Network Slice Instance，NSI)的概念则突出了其资源属性。网络切片实例是一组网络功能实例和所需资源(例如计算、存储和网络资源)，这些资源构成了部署的网络切片。单个网络切片选择协助信息(S-NSSAI)是网络切片的业务标识，而网络切片实例是部署网络切片的资源集合。

网络切片业务属性和资源属性的差异还体现在 S-NSSAI 和网络切片实例的关系上。根据运营商的运营或部署需要，一个 S-NSSAI 可以关联一个或多个网络切片实例，反过来，一个网络切片实例也可以关联一个或多个 S-NSSAI。如图 8.48 所示，eMBB 切片 1、eMBB 切片 2、FWA(Fixed Wireless Access)切片 1 都是 eMBB 类型的切片，它们的 S-NSSAI 值都是 0x01000000；eMBB + mMTC 切片 4 既可以为 eMBB 类型的业务提供服务，同时又可以为 mMTC 业务提供服务，所以它既是 eMBB 类型的切片，又是 mMTC 类型的切片，对应的 S-NSSAI 值分别是 0x01000000 和 0x03000000。

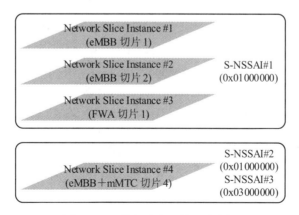

图 8.48　网络切片和网络切片实例

下面我们将分别从资源视角和业务视角全面深入了解网络切片。资源视角主要聚焦在网络切片管理上，其中重点探讨网络切片实例的生命周期，包括网络切片实例的创建、部署开通和终结释放等。业务视角主要聚焦在终端如何接入网络切片，如何为终端选择网络切片，如何控制网络切片的接入，如何保障网络切片的 SLA 等。

8.3.2　网络切片管理

网络切片是端到端的逻辑网络，因此网络切片需要引入一个全新的统一编排和管理的系统，以支持网络切片的快速部署、协同工作和全生命周期管理。这个系统必须具备网络切片的按需定制能力、切片自动化部署能力、切片端到端监控和协同能力、切片智能运维能力。

网络切片管理涉及以下几个基本概念。

(1) 网络切片：提供特定网络功能和网络特征的逻辑网络，支持网络切片客户的各种业务属性。

(2) 网络切片实例：一组网络功能实例和所需资源(例如计算、存储和网络资源)，这些资源构成了部署的网络切片。网络切片分配资源实际部署后生成网络切片实例。

(3) 网络切片子网(Network Slice Subnet，NSS)：一组网络功能和支持网络切片的关联资源(例如计算、存储和网络资源)的集合，是端到端的网络切片的组成部分。一个端到端的网络切片一般由核心网网络切片子网、传输网网络切片子网和接入网网络切片子网组成。网络切片子网分配资源实际部署后生成网络切片子网实例(Network Slice Subnet Instance)。

通信业务(Communication Service，CS)是通信服务提供商(Communication Service Provider，CSP)通过网络切片向通信服务客户(Communication Service Customer，CSC)提供传送数据、语音或消息的服务。这些服务可以包括如下几类：

(1) B2C(企业对消费者)服务：例如移动网页浏览、5G 语音、视频点播等。

(2) B2B(企业对企业)服务：例如互联网接入、LAN 互联等。

(3) B2H(企业对家庭)服务：例如互联网接入、VOIP、VPN 等。

(4) B2B2X(企业对企业对一切)服务：例如某个 CSP 向其他 CSP 提供的服务(例如国际漫游、RAN 共享等)，而其他 CSP 会进一步为自己的 CSC 提供通信服务。

1. 网络切片管理架构

通信业务的属性是网络切片提供特定网络功能和网络特征的需求来源。整个网络切片管理系统由通信服务管理功能(Communication Service Management Function，CSMF)、网络切片管理功能(Network Slice Management Function，NSMF)和网络切片子网管理功能(Network Slice Subnet Management Function，NSSMF)组成，可实现跨 RAN、TN、CN 的端到端网络切片的协同和全生命周期管理。CSMF、NSMF、NSSMF 的具体分工如表 8.9 所示。

表 8.9　网络切片管理功能描述

网络切片管理功能	功 能 描 述
CSMF	负责将通信业务相关服务需求转化为网络切片的相关需求
NSMF	负责网络切片实例的管理和编排，以及从网络切片相关需求中衍生出网络切片子网相关需求
NSSMF	负责网络切片子网实例的管理和编排

另外，核心网网络切片子网包含的网络功能(例如 AMF、SMF、UPF、PCF 和 UDM 等)支持 NFV 部署，每个虚拟化网络功能(VNF)运行在一个或多个虚拟容器中，对应一组属于一个或多个物理设备的网络功能。因此，核心网网络切片子网管理功能还连接到 NFV 管理和编排系统(Network Function Virtualization Management and Network Orchestration，NFV-MANO)上。NFV-MANO 包括网络功能虚拟化编排器(Network Functions Virtualization Orchestrator，NFVO)、虚拟网络功能管理器(Virtualized Network Function Manager，VNFM)和虚拟基础设施管理器(Virtualized Infrastructure Manager，VIM)三部分，如图 8.49 所示。各个部分的功能如下。

(1) 网络功能虚拟化编排器(NFVO)：主要负责处理虚拟化业务的生命周期管理，以及虚拟基础设施及网络功能虚拟化基础设施(Network Functions Virtualization Infrastructure，NFVI)中虚拟资源的分配和调度等。NFVO 可以与一个或多个 VNFM 通信，以执行资源相关请求，发送配置信息给 VNFM，收集 VNF 的状态信息。另外，NFVO 还可与 VIM 通信，执行资源分配或预留，交换虚拟化硬件资源配置和状态信息。

(2) 虚拟网络功能管理器(VNFM)：负责一个或多个 VNF 的生命周期管理，比如实例化、更新、查询、弹性伸缩和终止 VNF。VNFM 可以与 VNF 通信以完成 VNF 生命周期管理及交换配置和状态信息。

(3) 虚拟基础设施管理器(VIM)：控制和管理 VNF 与计算硬件、存储硬件、网络硬件、虚拟计算、虚拟存储及虚拟网络的交互。VNFM 与 VIM 可以相互通信，请求资源分配，交换虚拟化硬件资源配置和状态信息。

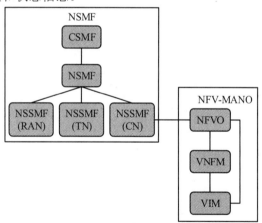

图 8.49 网络切片管理架构

NFVI 是 NFV 的基础设施层，包含硬件部件、软件部件或两者的组合，以建立虚拟化环境，部署、管理及实现 VNF。硬件资源和虚拟化层用于为 VNF 提供虚拟化资源，如虚拟机和其他形式的虚拟容器。硬件资源包括计算硬件、存储硬件、网络硬件。NFVI 中的虚拟化层可以抽象硬件资源，解耦 VNF 与底层的物理网络层。

2. 网络切片实例的生命周期

网络切片实例的生命周期管理如图 8.50 所示。租户根据业务需求到网络切片管理系统提供的门户网站上提供业务属性(带宽、时延、连接数、移动性、可靠性、覆盖面积等)以订购通信业务，之后 CSMF、NSMF、NSSMF、MANO 协作部署满足租户业务需求的网络切片，并对其进行管理运维。

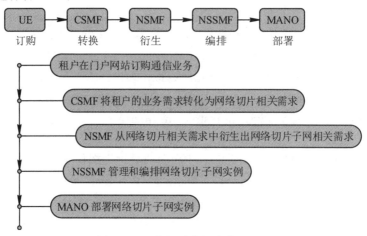

图 8.50   网络切片实例生命周期

3. 网络切片部署流程

运营商购买物理资源后，按租户的需求部署网络切片。租户(例如企业或 CSP)则在网络切片上向终端客户提供通信服务，并对网络切片进行管理和运营。网络切片部署的完整流程如图 8.51 所示。

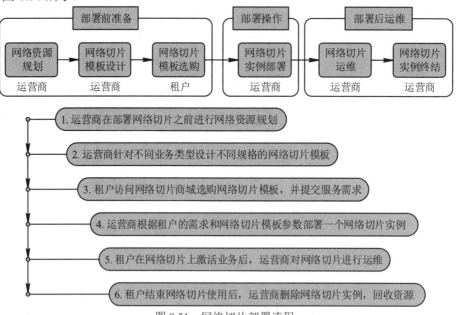

图 8.51   网络切片部署流程

运营商进行网络切片模板设计时，可以直接使用设备商提供的网络切片基础模板，或者对网络切片基础模板进行二次创建，设计出不同规格的自定义网络切片模板。租户选购网络切片模板时，需要提交服务需求，例如服务区域、计费模式、隔离度、SLA 参数等。运营商在部署网络切片实例时，可以按照网络切片模板中的参数一键式部署，或者根据新提供的网络规划参数进行自定义部署。

如图 8.52 所示，对于直播业务，运营商可以提供不同的网络切片模板以供选择。例如使用公共的 eMBB 网络切片，并通过 QoS 参数配置可以为普通的个人用户提供直播服务。在默认网络切片中，承载网使用虚拟专用网络(Virtual Private Network，VPN)技术来传输直播的数据流，为直播业务提供基本的业务质量保障。对于一些高价值直播(例如商家做的促销活动直播)，运营商可以提供另外一套网络切片模板，即增值网络切片。在增值网络切片中，除最基本的 QoS 参数配置外，还在承载网中使用了 FlexE(Flex Ethernet)技术，为高价值直播业务流预留长途传输通道，保证网络的通畅。对于更加专业的直播(例如足球比赛直播业务)，运营商为电视台等专业机构准备了专享网络切片的模板。在专享网络切片中，除使用 FlexE 技术预留长途传输通道外，运营商还会在无线接入网络中预留资源块(Radio Block，RB)，保证无论体育场有多少观众在使用手机，都能为专业直播业务预留足够的上行带宽，用于传输比赛直播视频。另外，运营商还会使用独立的 UPF，保证接入电视台的网络设备是专用的，避免受到其他网络用户的影响。

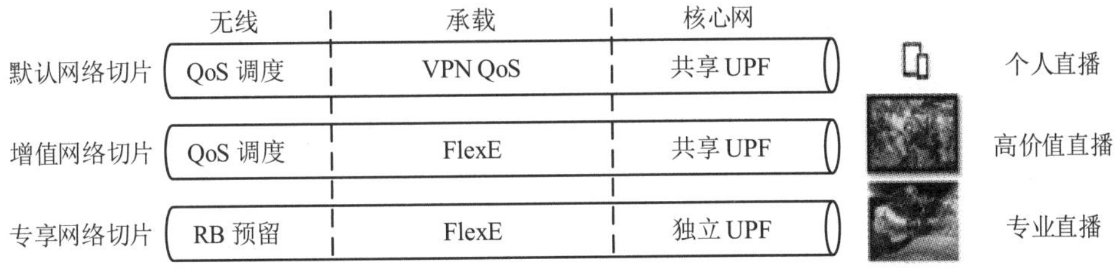

图 8.52　网络切片模板

租户订购网络切片后，运营商会根据网络切片模板为租户部署一个网络切片实例，其过程如下。

(1) CSMF 接收租户的业务需求，将业务需求转化成网络切片的相关需求，将网络切片的相关需求发送至 NSMF。

(2) NSMF 将接收到的网络切片的相关需求转化为网络切片子网的相关需求，并将网络切片子网的相关需求发送至 NSSMF。

(3) NSSMF 将网络切片子网的相关需求转换为需要部署的网络功能的实例需求，将网络功能的实例需求发送至管理编排器 MANO。

(4) 根据部署需求，MANO 在 NFVI 上分配资源并部署网络切片内相应的 VNF 实例，并将 VNF 实例连接起来。然后通过网络功能管理功能(NFMF)将业务配置到 VNF 实例，并使网络功能实体能够运行起来。

(5) NSMF 或 NSSMF 将能够运行的网络功能实体通过网络连接起来，这样网络切片就创建起来了。

运营商为租户部署一个网络切片实例后，进行网络切片的运维。网络切片运维的第一项任务是激活网络切片的通信业务。在网络切片实例的资源就绪后，通过网络切片实例内的各个网络功能配置为租户分配的 S-NSSAI，以及为使用网络切片的终端签约相应的 S-NSSAI，使得租户订单要求的业务能够正常地在切片上运行起来。

网络切片运维过程中还需要时刻执行网络切片的 SLA 保障，即保证网络切片能够满足租户选购切片商品时提交的服务需求。在网络切片运维过程中，如果租户的业务量或业务分布发生变化，则运营商会根据网络切片的运行情况和 SLA 的规定，调整为网络切片分配的资源，保障通过网络切片运行的通信业务满足租户的需求。

租户结束网络切片的使用后，取消对网络切片的订购，运营商就可以删除网络切片实例，回收资源。

4. 终端使用网络切片的流程

运营商为租户创建一个网络切片实例，并且激活了以 S-NSSAI 标识的通信业务，作为最终用户的终端就可以使用网络切片了。终端使用网络切片的流程分为两个阶段：一是终端注册到目标网络切片；二是在目标网络切片上建立 PDU 会话，通过网络切片传送数据。

上述两个阶段都涉及网络切片实例内的网络功能根据 S-NSSAI 进行网络切片选择的流程，下面分别进行详细的探讨。

1) 注册过程中的网络切片选择

每次为终端开通一个新的网络切片通信业务，都会在 UDM 中添加相应的签约信息，即在 UE 归属的 UDM 中为终端添加签约的 S-NSSAI(Subscribed S-NSSAI)。如果 UE 签约了多个 S-NSSAI，运营商根据需要，可以将一个或多个签约的 S-NSSAI 设置为默认签约 S-NSSAI(Default Subscribed S-NSSAI)。如果 UE 在接入网络的过程中没有指示任何希望接入的网络切片，网络侧设备则认为 UE 希望接入默认签约 S-NSSAI 标识的网络切片。建议至少有一个标记为默认 S-NSSAI 的订阅 S-NSSAI 不受网络切片特定身份验证和授权的约束，以确保即使网络切片特定身份验证和授权失败也能访问服务。

5G 网络还会为 UE 配置当前服务的 PLMN 的配置 NSSAI(Configured NSSAI)，见表 8.10。如果 UE 当前在 HPLMN 中，配置 NSSAI 就是 UE 所有的签约 S-NSSAI 的集合。如果 UE 在 VPLMN 中，配置 NSSAI 包括可在当前服务 PLMN 中使用的 S-NSSAI 值的集合，其中每个 S-NSSAI 可以映射到一个或多个对应的 HPLMN 的 UE 签约 S-NSSAI 中。

表 8.10　NSSAI 定义

NSSAI	定　义
请求 NSSAI	是 UE 期望使用的 NSSAI，UE 在注册流程中提供给网络侧的，最多包括 8 个 S-NSSAI
允许 NSSAI	是服务 PLMN 在注册等流程中提供给 UE 的，指示 UE 在服务 PLMN 中当前注册区域内可以使用的 S-NSSAI 值，其中最多包括 8 个 S-NSSAI，UE 在本地保存
配置 NSSAI	是适用于一个或多个 PLMN 的 NSSAI，AMF 在注册接受或配置更新命令等消息中将其下发给 UE，其中最多包括 16 个 S-NSSAI，UE 在本地保存

终端向 5G 网络发起注册的过程如图 8.53 所示。

(1) UE 首次尝试注册到一个 PLMN 时，发送注册请求消息给 RAN。当 UE 注册时向网络提供请求 NSSAI(Requested NSSAI)。请求 NSSAI 中包含了 UE 希望在当前服务 PLMN 的一到多个网络切片的 S-NSSAI，给定 PLMN 中的 UE 仅包括并使用应用于该 PLMN 的 S-NSSAI。请求 NSSAI 中的 S-NSSAI 是适用于当前服务 PLMN 的配置 NSSAI 的一部分。如果 UE 没有接收到当前服务 PLMN 的配置 NSSAI，则 UE 可以在注册请求中不携带请求 NSSAI，这时 5G 网络会为 UE 选择注册到默认配置 NSSAI。如果 UE 存储有此 PLMN 的配置 NSSAI 或者此次成功注册得到允许 NSSAI(Allowed NSSAI)，那么 UE 将在 NAS 注册请求消息以及 AN 消息中携带请求 NSSAI 信息。允许 NSSAI 是 UE 在注册成功后，在当前注册区域内允许使用的 S-NSSAI 值。

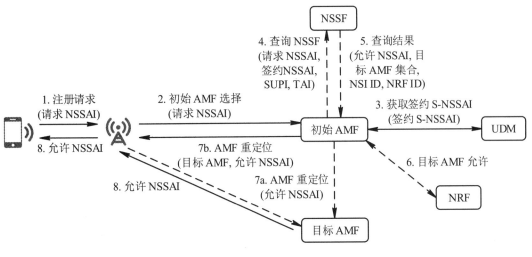

图 8.53　注册流程中切片选择

(2) RAN 根据请求 NSSAI 选择初始 AMF。RAN 首先根据本地存储信息及 UE 注册请求消息中携带的请求 NSSAI 信息，为 UE 选择一个 AMF(即初始 AMF)。如果 UE 没有在 AN 消息中提供请求 NSSAI，则 RAN 应将来自 UE 的注册请求消息发送给缺省 AMF。但初始 AMF 或缺省 AMF 可能不支持 UE 要使用的网络切片，例如初始 AMF 只支持 FWA 类型的网络切片，但是 UE 请求的是 eMBB 类型的网络切片。如果初始 AMF 无法为 UE 提供服务，则初始 AMF 向 NSSF 查询和选择能支持 UE 网络切片的目标 AMF，然后将 UE 的附着请求消息通过直接或间接的方式发送给目标 AMF，由目标 AMF 处理 UE 的附着请求，进而为 UE 提供网络服务。

(3) 初始 AMF 查询 UDM 以获取包括签约 S-NSSAI 在内的 UE 签约信息。初始 AMF 根据收到的请求 NSSAI、签约 S-NSSAI 及本地配置判断是否可以为 UE 提供服务。如果 AMF 可以为 UE 服务，则初始 AMF 仍然是 UE 的服务 AMF，然后 AMF 基于签约 S-NSSAI 和请求 NSSAI 构造出允许 NSSAI，并通过注册接收消息返回给 UE。如果初始 AMF 无法为 UE 服务或者无法作出判断，则 AMF 需要向 NSSF 进行查询。

(4) AMF 将请求 NSSAI、签约 S-NSSAI、UE 的 SUPI 和当前 TAI 等信息发送给 NSSF 进行查询。

(5) NSSF 根据接收到的信息及本地配置，选出可以为 UE 服务的 AMF 集合或候选 AMF 列表、适用于此次接入的允许 NSSAI，可能还选出为 UE 服务的网络切片实例、实例内用于选择 NF 的 NRF 的访问地址，并将这些信息发送给初始 AMF。

(6) 如果初始 AMF 不在 AMF 集合内且本地未存储 AMF 地址信息，则初始 AMF 通过查询 NRF 获得候选 AMF 列表。NRF 返回一组可用的 AMF 列表，包括候选 AMF 和地址信息。初始 AMF 从中选择一个作为目标 AMF。如果初始 AMF 无法通过查询 NRF 获得候选 AMF 列表，则初始 AMF 需要通过 RAN 将 UE 的注册请求消息发给目标 AMF，初始 AMF 发送给 RAN 的消息里面包含 AMF 集合和允许 NSSAI。

(7) 如果初始 AMF 基于本地策略和签约信息决定直接将 NAS 消息发送给目标 AMF，则初始 AMF 将 UE 注册请求消息以及从 NSSF 获得的除 AMF 集合外的其他信息都发送给目标 AMF。

如果初始 AMF 基于本地策略和签约信息决定将 NAS 消息通过 RAN 转发给目标 AMF，则初始 AMF 向 RAN 发送一条重新路由 NAS 消息。重新路由 NAS 消息包括目标 AMF 集合信息和注册请求消息，以及从 NSSF 获得的相关信息。

(8) 在接收到上个步骤中发送的注册请求消息后，目标 AMF 继续执行注册流程的相关步骤，最终向 UE 发送注册接受消息，消息中携带允许 NSSAI、网络切片选择策略(Network Slice Selection Policy，NSSP)等信息。

NSSP 的示例如图 8.54 所示。NSSP 包含在 UE 路由选择策略(UE Route Selection Policy，URSP)中，UE 成功注册到当前服务网络后，由 PCF 通过 AMF 将 UE 配置更新消息提供给 UE。UE 收到最新的 URSP 后会在本地保存。NSSP 中包含一系列不同优先级的网络切片选择规则，NSSP 规则将应用程序(Application，APP)与一个或多个签约 S-NSSAI 关联。在 NSSP 内有多条规则，图 8.54 中的第一条规则 Rule 1 表述的含义是以应用标识(Application ID) "APP-A" 为标识的应用程序，请求建立会话连接时，UE 在会话建立请求消息中携带的 S-NSSAI 的值为 "0x11"，网络会选择 S-NSSAI 为 "0x11" 时标识的网络切片传递应用的业务数据流。图 8.54 中的第二条规则 Rule 2 表述的含义是以 "APP-B" 为标识的应用程序请求建立会话连接时，UE 在会话建立请求消息中携带的 S-NSSAI 的值为 "0x12"，网络会选择 S-NSSAI 为 "0x12" 时标识的网络切片传递应用的业务数据流。NSSP 还设置了一个默认规则(Default Rule)，没有能够匹配其他规则的应用都采用默认规则指定的 S-NSSAI(即 "0x11")标识的网络切片。另外，当只有一个 UE 签约 S-NSSAI 时，所有应用程序会匹配到这个签约 S-NSSAI，网络不需要为 UE 发放 NSSP。

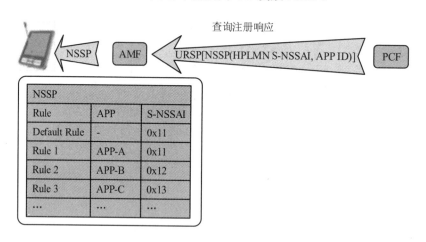

图 8.54　NSSP 示意图

需要指出的是，NSSP 中列出的 S-NSSAI 都是 UE 归属网络 HPLMN 分配的 S-NSSAI。目前，S-NSSAI 的值可以分为标准 S-NSSAI 和自定义 S-NSSAI 两种类型。标准 S-NSSAI 在所有的运营商网络中都可以使用，自定义 S-NSSAI 只能在分配它的运营商网络内使用。自定义 S-NSSAI 的数量很多，适合分配给非公共服务的企业或第三方行业订购的网络切片。若应用业务提供商向多个国家的运营商订购了网络切片，一般情况下各个运营商都为其分配自定义 S-NSSAI。其中, 一个自定义 S-NSSAI 的值只在一个运营商的网络内标识一个网络切片。若终端在 HPLMN 签约的 S-NSSAI 的值是自定义 S-NSSAI(记为 hS-NSSAI), 则终端发生漫游时, 就不能在 VPLMN 中使用该 hS-NSSAI 来确定终端在 VPLMN 允许使用的网络切片, 只能使用对应的在 VPLMN 中有效的 S-NSSAI(记为 vS-NSSAI)来确定终端在该 VPLMN 中允许使用的网络切片。

　　为了使得终端在漫游场景下获得终端签约的 S-NSSAI 对应的在 VPLMN 中有效的 S-NSSAI, 根据 HPLMN 和 VPLMN 签订的漫游协议, 在 VPLMN 的网络设备上配置网络切片映射信息。进而, 终端在注册到 VPLMN 的过程中, VPLMN 的网络设备可以使用上述配置的网络切片映射信息, 结合终端签约的 S-NSSAI 来获得对应的在 VPLMN 中有效的 S-NSSAI, 确定终端在 VPLMN 中允许使用的网络切片。其中, VPLMN 和 HPLMN 之间签订的漫游协议中包含了终端签约的 S-NSSAI 对应的在 VPLMN 中有效的 S-NSSAI。若终端在 HPLMN 中可以使用某个自定义 S-NSSAI 标识的网络切片, 同时 VPLMN 能够提供一个满足相关通信业务需求的相同或类似的网络切片, 则 HPLMN 和 VPLMN 在签订漫游协议时就会将这两个网络切片的 S-NSSAI 映射起来, 即 hS-NSSAI 映射到 vS-NSSAI。通过上述切片映射, 即使为应用签约的是自定义的 S-NSSAI, UE 在 VPLMN 中也能够确定满足 NSSP 的拜访网络的 vS-NSSAI。

　　2) 会话建立过程中的网络切片选择

　　不同网络切片的 SMF 以及 UPF 一般是相互隔离的。UE 为了使用网络切片传送数据, 首先需要在期望的网络切片内建立 PDU 会话。UE 成功注册到 5G 网络后, 会得到允许 NSSAI 和 NSSP。当 UE 需要发送数据时, 会根据 NSSP 确定 APP 所对应的 S-NSSAI, 其中这个 S-NSSAI 需要属于允许 NSSAI。如果 UE 在 VPLMN 中, 根据 S-NSSAI 的映射关系, 从 NSSP 确定 APP 所对应的 HPLMN 的 S-NSSAI, 从而得到当前服务的 VPLMN 的 S-NSSAI, 其中这个 S-NSSAI 属于允许 NSSAI。

　　终端和网络通过 NSSP 为应用业务数据流选择网络切片的具体流程如图 8.55 所示。

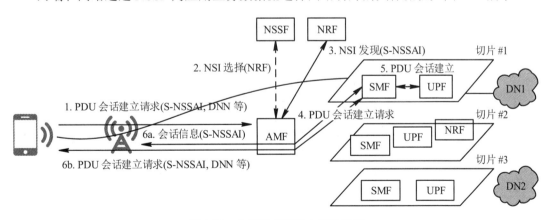

图 8.55　会话建立流程中切片选择

　　(1) 终端 UE 通过 RAN 向 AMF 发送会话建立请求消息。其中, 会话建立请求消息携带匹配的 NSSP 规则中的 S-NSSAI 或映射后的当前拜访网络中可用的 S-NSSAI。此外, 会话建立请求消息中还携带应用服务器所在的 DNN。

(2) AMF 根据会话建立请求消息中携带的 S-NSSAI 和 DNN，可以向 NSSF 请求网络切片选择。NSSF 可以向 AMF 提供网络切片内的 NRF 的地址。这个 NRF 地址用于 AMF 发现选定的网络切片内的 SMF。

(3) AMF 根据会话建立请求消息中携带的 S-NSSAI 和 DNN，向 NRF 请求一个会话管理功能 SMF 实例。NRF 的地址可以由 NSSF 在终端注册流程中提供给 AMF。NRF 根据 S-NSSAI 选择一个适合网络切片内的 SMF，并将其地址返回给 AMF。

(4) AMF 向选定的 SMF 转发会话建立请求消息。

(5) SMF 收到会话建立请求消息后进行处理，选择合适的 UPF，控制 UPF 建立 PDU 会话。

(6) SMF 将会话建立响应消息通过 AMF 和 RAN 发送给终端，同时通过 AMF 向 RAN 通知相关会话信息，其中包括 S-NSSAI，以及会话用户面的隧道地址和 QoS 参数等信息。AMF 还会将 PDU 会话关联的 S-NSSAI 提供给 RAN，实现 RAN 侧对网络切片资源的差异化调度和管理。

3) 第三方认证控制终端接入网络切片

某些企业租户订购网络切片用于企业开展商业活动或生产，为了保证信息安全，企业会对接入网络切片的终端进行第三方认证。为此，企业部署 AAA-S(认证、授权和计费服务器)，运营商部署 AAA-P(AAA 代理)和特定网络切片认证与授权功能(Network Slice-Specific Authentication and Authorization Function，NSSAAF)，实现订购网络切片的企业对接入终端执行认证和授权，如图 8.56 所示。

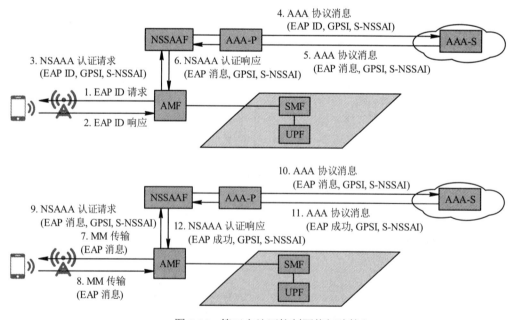

图 8.56　第三方认证控制网络切片接入

对于需要网络切片特定认证和授权的 S-NSSAI，终端的网络切片签约信息中会有专门的标志。AMF 在终端用户注册到网络时，从 UDM 中获得终端的网络切片签约信息后，AMF

可以触发网络切片特定认证和授权流程,具体流程步骤如下。

(1) 如果网络切片特定鉴权和授权是由于注册过程触发的,AMF 可以基于 AMF 中的 UE 上下文确定部分或所有 S-NSSAI 受网络切片特定身份验证和授权的约束,UE 已经在第一次接入时的注册过程之后进行了身份验证。AMF 可以在 NAS MM 传输消息中向 UE 发送外部认证协议身份(Extensible Authentication Protocol Identification,EAP ID)请求信息,并携带 S-NSSAI。

(2) UE 可以在 NAS MM 传输消息中向 AMF 发送 EAP 身份响应信息,并携带终端 EAP ID 和 S-NSSAI。

(3) AMF 向 NSSAAF 发送认证请求消息,其中携带了 UE 的通用公共订户标识(Generic Public Subscription Identifier,GPSI)、终端的 EAP ID 和 S-NSSAI。

(4) NSSAAF 通过 AAA-P 向 AAA-S 发送 AAA 协议消息,其中携带终端的 GPSI、终端的 EAP ID 和 S-NSSAI,请求执行认证和授权。

(5) AAA-S 根据终端的 EAP ID 生成安全挑战信息,通过 AAA-P 向 NSAAF 发送 AAA 协议消息,其中携带了包含安全挑战信息的 EAP 消息、终端的 GPSI 和 S-NSSAI。

(6) NSSAAF 向 AMF 发送认证响应消息,包含安全挑战信息的 EAP 消息、终端的 GPSI 和 S-NSSAI。

(7) AMF 通过 NAS MM 传输将包含安全挑战信息的 EAP 消息发送到终端。

(8) 终端根据和 AAA 服务器共享的秘密计算安全挑战,生成挑战响应信息 EAP 消息。然后通过 NAS MM 传输将包含挑战响应信息的 EAP 消息发送到 AMF。

(9) AMF 向 NSSAAF 发送认证请求消息,其中携带了 UE 的 GPSI、EAP 消息和 S-NSSAI。

(10) NSSAAF 通过 AAA-P 向 AAA-S 发送 AAA 协议消息,携带 UE 的 GPSI、EAP 消息和 S-NSSAI。

(11) AAA-S 根据和终端的共享秘密,验证安全挑战响应是否正确。如果正确,就通过认证和授权,否则就认证失败。AAA-S 通过 AAA-P 向 NSAAAF 发送 AAA 协议消息,其中携带了安全认证的结果(例如认证成功)、终端的 GPSI 和 S-NSSAI。

(12) NSSAAF 向 AMF 发送认证响应消息,其中包含安全认证的结果、终端的 GPSI 和 S-NSSAI。如果安全认证的结果已经成功,AMF 允许 UE 接入网络切片。

根据先前注册的特定网络切片认证和授权结果(例如成功/失败),AMF 可以根据网络策略决定 UE 后续访问注册期间,是否允许跳过这些 S-NSSAI 的特定网络切片认证和授权。

8.3.3　网络切片运维

在网络切片的运维过程中,最重要的是时刻执行网络切片 SLA 保障,保证网络切片能够满足租户选购切片商品时提交的服务需求。当运营商根据租户订单,在 5G 网络的物理基础设施上为租户创建一个网络切片时,运营商和租户往往会根据实际业务需求确定网络切片支持的一些技术指标。网络切片规模常常由这些技术指标确定,这些指标被称为网络切片 SLA 参数。表 8.11 给出了常见的网络切片 SLA 参数及其含义。

表 8.11 常见的网络切片 SLA 参数及其含义

分 类	指 标 名 称	指 标 含 义
切片信息	S-NSSAI	切片标识
	SST	切片服务类型
	PLMNIdList	切片服务的漫游 PLMN 列表
	CoverageArea	切片覆盖范围
相关容量	MaxNumberofUE	可以同时访问网络切片实例的最大 UE 数
	TerminalDensity	网络切片覆盖范围内的平均用户密度，即每平方千米的终端数量
	MaxNumberofConnection	网络切片支持的最大并发会话数
时延抖动	Latency(单位：ms)	通过 5G 网络的 RAN、TN 和 CN 部分的数据包传输延迟，用于评估端到端网络切片实例的利用性能
	Jitter(单位：ms)	在评估时间参数时，属性指定从期望值到实际值的偏差
	SurvivalTime(单位：ms)	使用通信服务的应用程序可以继续运行而没有出现应用程序逾期错误的最大消息间隔时间
相关速率	DLThptPerSlice(单位：b/s)	下行链路中网络切片可实现的数据速率
	DLThptPerUE(单位：Mb/s)	网络切片中每个 UE 支持的下行数据速率
	ULThptPerSlic(单位：Mb/s)	上行链路中网络切片可实现的数据速率
	ULThptPerUE(单位：Mb/s)	网络切片中每个 UE 支持的上行数据速率
可靠性/可用性	Availability	通信服务可用性要求，以百分比表示
	Reliability	在数据包传输的上下文中指定目标服务所需的时间限制内，成功传送到给定系统实体的已发送数据包总数的百分比值(比如丢包率、错包率等可以体现在该指标中)
安全隔离	ResourceSharingLevel	是否可与另一个网络切片实例共享分配给网络切片实例的资源
UE 特性	UEMobilityLevel	UE 访问网络切片实例的移动级别(静止、固定接入、在一定区域内移动、完全移动)
	ActivityFactor	同时活动的 UE 数量相对于 UE 总数的百分比值，其中"活动"表示 UE 正在与网络交换数据
	UESpeed(单位：km/h)	网络切片支持的最大终端速度
网络参数	MaxPktSize(单位：Bytes)	网络切片支持的最大数据包大小

为了确保某个网络切片不占用过多的网络资源，进而避免影响其他网络切片的正常运行，运营商会根据网络切片规模并按照 SLA 对网络切片的实际使用量进行控制。此外租户的业务量在闲时和忙时都有正常范围的波动，因此运营商还要保障本网络切片内业务的正常体验。下面分别探讨网络切片 SLA 的控制和保障两方面的内容。

1. 网络切片 SLA 控制

不同租户订购的网络切片规模往往是不同的，最常见的规模参数包括网络切片的最大注册终端数、最大 PDU 会话数等。网络切片的最大注册终端数是指注册到网络，并且能够接入目标网络切片的终端的最大允许数量。网络切片的最大 PDU 会话数是指同时接入这个网络切片的 PDU 会话的最大允许数量。在网络切片的运行过程中，运营商需要限制切片租户使用超出范围的网络资源，为此，引入网络切片准入控制功能(Network Slice Admission Control Function， NSACF)来控制接入网络的最大注册终端数和最大 PDU 会话数。网络切片 SLA 控制如图 8.57 所示。

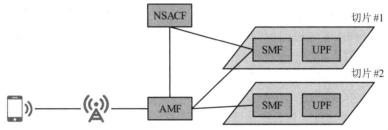

图 8.57　网络切片 SLA 控制

NSACF 配置了受网络切片准入控制约束的每个网络切片的最大注册终端数和最大 PDU 会话数。对于接入受网络切片准入控制约束的网络切片的每个注册终端和每个新建立的 PDU 会话，NSACF 监控和控制网络切片当前的注册终端数和网络切片的 PDU 会话数，确保其不超过网络切片的最大注册终端数和网络切片允许服务的最大 PDU 会话数。

当 UE 注册到受 NSAC 约束的网络切片时，NSACF 会增加或减少网络切片注册的当前 UE 数量。NSACF 还需要维护一个注册到受 NSAC 约束的网络切片上的 UE 标识列表。当当前注册在网络切片上的 UE 数量要增加时，NSACF 首先检查当前正在注册到网络切片的 UE 标识是否已经注册在该网络切片上的 UE 列表中。如果没有，NSACF 就需要检查是否已经达到该网络切片的最大注册终端数。如果达到最大注册终端数，NSACF 就会通知 AMF 拒绝当前 UE 的注册接入；否则，就允许当前 UE 注册接入网络切片，并将 UE 的标识添加到维护的 UE 标识列表中。通过这种方法，NSACF 可以控制注册到受 NSAC 约束的网络切片的 UE 数量不超过允许在该网络切片注册的最大注册终端数。当 UE 从受 NSAC 约束的网络切片注销时，AMF 触发 NSACF 将 UE 从维护的 UE 标识列表中删除，并减少当前注册到网络切片的 UE 数量。

当 UE 在受 NSAC 约束的网络切片内建立或释放 PDU 会话时，NSACF 增加或减少网络切片的当前 PDU 会话数。NSACF 维护受 NSAC 约束的网络切片内的当前 PDU 会话数。如果 UE 新建 PDU 会话，SMF 请求 NSACF 增加当前在网络切片内的 PDU 会话数。NSACF 首先检查当前网络切片内 PDU 会话数是否已经达到该网络切片允许的最大 PDU 会话数。如果达到最大 PDU 会话数，NSACF 就会通知 SMF 拒绝当前 UE 建立的 PDU 会话；否则，就允许当前 UE 在网络切片内新建 PDU 会话，并增加维护的当前 PDU 会话数。通过这种方法，NSACF 可以控制在受 NSAC 约束的网络切片内建立的 PDU 会话的数量。当 PDU 会话释放时，SMF 触发 NSACF 减少当前网络切片内的 PDU 会话数。

需要注意的是，根据运营商政策和国家/地区法规，AMF 可免除紧急呼叫等(例如 110 和 119)特别优先级业务接入网络切片。当注册类型指示紧急注册或建立原因与优先级服务关联时，虽然 S-NSSAI 将受 NSAC 约束，但是如果 S-NSSAI 包含在紧急配置数据中，AMF 就会决定 S-NSSAI 可以免除 NSAC。当请求建立紧急 PDU 会话时，如果 S-NSSAI 受 NSAC 约束，SMF 决定 S-NSSAI 可以跳过 NSAC。当 S-NSSAI 豁免 NSAC 时，AMF 和 SMF 跳过 S-NSSAI 对应的 NSAC 流程，也就是这个 UE 和 PDU 会话不计入最大注册终端数和最大 PDU 会话数。这个 UE 注销或 PDU 会话释放时，NSACF 也不会减少当前网络切片的注册终端数或 PDU 会话数。

2. 网络切片 SLA 保障

运营商除了按照 SLA 防止对网络切片的过度使用，还需要保障网络切片内用户业务的性能和体验达到预期的效果，因此还提供了网络切片 SLA 保障的机制。在网络切片投入使用后，NSSMF 和 NSMF 通过监控网络切片的关键性能指标(Key Performance Index，KPI)和切片内用户业务的体验，一起检查是否能够达到网络切片 SLA 的要求。如果已经无法满足或预计即将无法满足网络切片 SLA 的要求，NSMF 根据需要执行 NSI 的修改流程，NSSMF 也根据需要执行 NSSI 的修改流程。通常情况下，需要无线、传输和核心网同时配合修改，由 NSMF 来执行 NSI 修改流程，比如修改传输网络的对接接口和参数等。如果只需要在无线或核心网内部进行修改，则由 NSSMF 来执行 NSSI 修改流程，比如增加特定切片无线频谱的预留资源分配，或者增加核心网 NFV 资源的分配数量等。

本 章 小 结

本章介绍了 5G 核心网中的关键技术，包括云原生、MEC 技术和网络切片技术。随着通信技术的不断演进，5G 网络可以有效提升频谱效率，降低时延，承载多样化的业务。通过本章的学习，读者可以进一步从技术层面理解 5G 网络的特点和技术优势。

第9章 未来网络展望

9.1 信息智能化

网络和信息技术的高速发展必将催生新的产品和服务，以满足人们更高的生活和工作需求。业界已经开始探讨 6G 技术及其应用方向，包括全息网真、远程医疗、智能泛在连接、工业互联网、大规模机器人技术、增强现实(AR)和虚拟现实(VR)等。6G 作为 5G 之后的下一代移动通信技术，其核心目标是实现万物互联，以支持更复杂的应用场景。人们期待 6G 网络能比 5G 提供更加有效和高效的无线通信，通过多种技术，实现大宽带、低时延和可靠的连接，以及不同频率的海量数据交换。此外，这些技术发展的趋势是 IoT 中更智能的设备，这将需要更可靠、更高效、更有弹性和更安全的连接。随着连接的对象变得更加智能和个性化，通过静态、简单和严格地使用通信网络来处理它们的复杂性变得困难。

当前的无线网络严重依赖定义通信系统结构的数学模型，这种数学模型往往不能准确地反映系统。无线网络的优化需要大量的数学模型和优化算法，这些解决方案在计算时间和复杂性方面往往效率低下，同时消耗了相当大的能量。上述数学模型和优化算法很可能无法进一步提高无线网络的容量和性能，尤其是要满足 6G 网络更加严苛的要求。近年来，人工智能(AI)技术的快速发展为 6G 网络的设计和优化提供了新的思路。利用 AI 的智能协同通信技术，有望大幅提升 6G 网络的性能与用户体验。AI 和机器学习(Machine Learning, ML)技术将在 6G 无线网络中发挥至关重要的作用，因为 AI 和 ML 的核心优势之一就在于它们的数据驱动特性，通过从大量数据中学习特征来提高网络的效率、降低时延，从而建模无法用数学公式表示的系统。

基于数据驱动的 AI 和 ML 技术可以应用于移动网络各个协议层面。对于物理层应用，AI 和 ML 不但可以帮助优化通信系统的物理层，还可以解决链路自适应、编解码、信道估计等无法建模或无法精确求解的问题。对于 MAC 层应用，利用 AI 实现可预测的资源分配、移动性预测、用户配对、功率控制等。对于上层应用，通过学习无线网络基础设施和传感器设备产生的大数据的特征，可以优化网络配置，提高网络性能，同时实现实时分析和自动化零接触操作和控制。

AI 算法可用于解决包括感知、挖掘、预测和推理在内的各种问题，因此需要在网络的不同位置(如管理面、核心网、无线基站和移动设备中)部署和训练。这些新的范式可能会推动对 ML 本机和数据驱动的网络架构的需求，AI 作为网络和管理域内的网络功能实施时，可能需要不同来源的数据。目前，这些算法往往是静态部署的，而允许它们动态更改能够提高网络性能和链路利用率。此外，允许网络的自动配置减少了对昂贵的手工或人工工作的需求。

AI 可以助力 6G 网络实现智能协同，技术创新体现在如下几个方面：

(1) 空地海协同的 3D 网络架构。通过卫星网络、地面网络与海上通信网络的融合，构建立体的 3D 网络架构，实现更丰富的网络连接与覆盖。AI 技术可以帮助不同网络之间实现智能协同与优化。

(2) 智能网元与控制器协同。6G 网络中的各个网元都应具备一定的智能能力，并与基于 AI 的控制器进行协同，形成分布式的网络智能。

(3) 广域感知与实时控制相结合。广域的网络感知为智能控制提供全局信息，实时的 AI 控制又可以据此实现快速优化，二者相互配合。

(4) 可配置的智能协同架构。面向不同业务与需求，AI 系统应该允许在集中式和分布式之间灵活切换，实现可配置的网络协同。

(5) 充分利用网络自身反馈强化学习。网络中的大量性能参数可以作为强化学习的即时反馈。通过不断的试错与优化，使网络达到更好的运行状态。

(6) 元学习实现跨任务的泛化能力。通过元学习提取不同通信任务的共性信息，AI 系统可以快速适应新的条件，节省 DATASET 资源。

预计在 6G 时代，通信技术和数据技术将会更加深入地融合，加速端管云的全面创新，最终构建 6G 和 AI 的新平台、新网络、新基础设施的底座，将数字经济推向智能经济。6G 时代的愿景是实现全网智能，万物智能，智能无所不在。6G 网络是智能内生的网络，将具备两个大的新特征：

(1) 通过将 AI 技术引入网络，对网络及其相关用户、服务和环境的多维主客观知识进行表征、构建、学习、应用、更新和反馈。基于所获得的知识，可以实现全网、多维、全时立体感知、决策推理和动态调整。

(2) 机器学习不断地为网络提升智能，根据商业意图、管理意图、应用意图实现网络容量、覆盖、体验的自动更新和改进，真正做到学习无所不在，永远学习，永远更新。

9.2　网络即服务和可编程

5G 网络定位于满足各种差异化的行业应用要求，这些行业应用往往呈现出大量的不同网络的关键性能指标(Key Performance Index，KPI)需求。网络即服务(Network as a Service, NaaS)提供了一个基于网的灵活使用框架，使得网络资源的分配和配置能够按具体的服务来进行消费。企业不需要涉足网络异构资源的兼容性、连接配置运维运营的专业性、大量通信协议的复杂性，以及法律合规的风险性等。一般而言，运营商提供基于网络的 NaaS，而企业只需要简单地订购。此时，运营商拥有网络资源的所有权和经营权，而企业只有消费的选择权。大部分情况下产品的形式比较受限，产品种类稳定且不易更改。5GC 框架下网络切片是一种典型的网络即服务，在固网中 SD-WAN 和 VPN 也是典型的网络即服务的体现。

　　NaaS 主要是一种商业模式的创新,其技术实质是基于云的 NFV 之后叠加 SDN 中心控制的技术组合而成的网络新形态。主流的 NaaS 可以分为 4 类。

　　(1) 连接类:以提供专有的连接服务为主,包括网络切片、SD-WAN 和 VPN。

　　(2) 带宽类:以提供总的带宽资源或峰值带宽为主,保证充足的入口/出口流量。

　　(3) 流量传输调节类:以总流量在网络内部的合理分布调度为主要服务内容,典型的有固网的 CDN 网络能力。5GC 目前对内容流量的调度主要是基于转发效率而不是流量在网络内部的合理分布,5GC 在原来的基础上(如在园区场景)增加了广播和组播能力,可以提供一定程度的网络内流量分布的调度服务。

　　(4) SLA/QoS 类:主要为企业客户或者应用提供端到端的 SLA,包括时延、丢包等网络 KPI 体系,这也是网络确定性服务的一个体现,典型的如金银铜客户的签约划分。

　　未来可能还会出现更多类型的网络服务,特别是在越来越注重安全要求的大环境下,提供不同等级的安全服务(包括接入鉴权、防火墙和 ACL 及安全子网)可以期待。

　　另外 5GC 的 SBA 架构本身是基于服务化的新型网络,未来会有越来越多的网络服务可以作为 NaaS,构成基于虚拟资源的新商业模式的技术支撑。

　　鉴于较早提出的 NaaS 是运营商向企业客户单方向提供的网络服务产品,企业实际上仍然缺少自主权和控制权,未来进一步加强企业自主权的一个主要的技术手段将是端到端的网络可编程。该技术最本质的特征是插件化服务和流水线框架。插件化服务提供了企业完全自主的功能组件,从而进一步使能了企业客户的差异化、个性化能力;而流水线框架则提供了一个柔性的集成环境,帮助企业灵活自主完成所需网络系统的规划、实施、部署和运维一站式环境。

　　除了功能层面的可编程,为满足客户的差异化定制需求,可编程还体现在组网可编程、算力叠加网络的资源可编程,近年来更是出现了从基于策略和预设的静态可编程演变到基于 AI 的动态可编程。

　　(1) 组网可编程。一般而言,5G 之后面向的是企业应用,而企业内部因为大量的人员和设备访问多个 APP 权限和功能的差异,网络拓扑的灵活性上升为一个主要矛盾。此时会出现企业子网、终端自组网和网中网,尤其在 mMTC 业务规模化之后,终端自发现或者自组网的需求催生组网可编程的技术发展。另外,即便是运营商 2C 的网络,也会因东西流量模型的差异催生 UPF 间自组网。还有一个潜在的因素是隐私保护和数据主权,也会导致组网能力的灵活性和差异性成为较强烈的需求。

　　(2) 算力叠加网络的资源可编程。算网融合已经成为 6G 架构热点,此时在考虑 NaaS 网络资源的基础上又叠加了计算资源的综合决策,这类技术目前还在概念定义的早期,未来可能会成为技术高地。

　　(3) 静态可编程和动态可编程。从 OTT 云技术演变过来的 SDN + NFV 基本框架仍然是一个重管理的架构,但是考虑到未来成千上万的企业数量、IoT 的海量规模,基于预设和预知知识的静态可编程会向动态可编程发展,其中 AI 是不可或缺的重要工具。随着可信 AI 技术的进一步完善,动态可编程将会呈现蓬勃发展之势。

　　6G 网络中通过采用可编程技术实现对网络控制策略的灵活定制和调整,实现对网络状态的感知。中国电信研究院的《6G 愿景与技术白皮书》中指出,6G 可编程网络与 5G 中现有的可编程技术不同,其可编程网络框架如图 9.1 所示。可编程网络框架中包括灵活 SDN

技术、高速 NFV 网元及管理编排技术、高速并行云网操作系统和基于 IPv6 的多域单栈技术等部分。

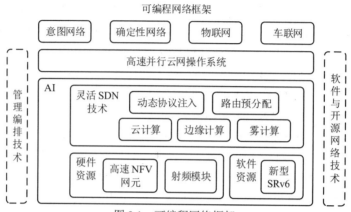

图 9.1　可编程网络框架

(1) 灵活 SDN 技术。5G 的 SDN 技术虽然实现了控制层和传输层的分离，实现了网络的灵活配置，但是 SDN 架构中控制信令采用集中下发的方式，网络决策过分依赖中央控制器，这导致中央控制器压力非常大。同时，位于网络边缘的节点因为决策信令回路过长导致决策时延较大，阻碍低时延业务的发展。6G 网络中的 SDN 技术相对 5G 网络中的 SDN 技术具有更加灵活和自适应强的特点。因此，需要增强对业务的感知能力，根据时延等业务指标进行统筹决策，利用控制器的全局视野构建确定性网络。灵活 SDN 技术利用动态协议注入(在 NFV 网元中按需注入协议)技术，基于 AI 的路由预分配技术，构建云计算、边缘计算和雾计算赋能的控制器等手段，降低了传统 SDN 架构信令时延大的问题，优化了网络性能和用户体验。最后，相较于传统的寻路算法，灵活 SDN 技术的控制器在决策过程中需要考虑更多的维度，比如路径安全、用户偏好和缓存等综合存算网一体化设计。

(2) 高速 NFV 网元及管理编排技术。NFV 技术将原本在专用硬件上实现的网络功能转换为在云环境或通用硬件上运行的软件，这也是 6G 网络功能的通用部署方式。NFV 管理编排涵盖了支持网络功能虚拟化基础设施的物理资源和软件资源的编排和生命周期管理。5G 通信在网络功能虚拟化的过程中强调引入全功能的 X86 控制芯片。虽然这种架构提高了网元的通用性和可编程性，但是，其对数据包的编解码速率较慢，无法胜任针对数据包的高速并行处理。6G 需兼具高通用性和高性能的高速 NFV 技术，通过高速 NFV 网元的部署，协议和软件与开源网络技术将独立于硬件而存在，共同构成软件资源，和基础设施对应的硬件资源形成相互依存的关系。管理编排技术则需要在全方位 AI 使能的基础上扩展编排的范围(如终端资源)、编排的方式(如容器化部署)和实现云网边端一体化编排。

(3) 高速并行云网操作系统。5G 网络中虽已具备基于 SDN 架构的全网控制能力，但是其网络架构缺乏统一的接口和通用的设计，不同类型网络配置还需要人工配置(比如固网和无线网需要不同的人员分别操控)，对操作人员的专业能力要求较高。另外，5G 网络中的自动化水平较低，无法适应面向"空天地海"全覆盖的 6G 网络。6G 将对网络结构、网络协议和网络拓扑进行极简化处理，使转发面功能更加单一化，但是转发面功能的单一化加重了控制器的负担，进而提高了网络运维对网络操作系统的要求。同时，随着云计算、边缘计算以及雾计算的发展带来的通算一体网络，无论是 ToB 还是 ToC 的云网服务，都需要高速并行云网操作系统为运营商和用户提供可视化和智能化的云网便捷操作体验。综上，6G 急需高速并行云网操作系统，以实现通信、计算、存储和控制等方面的高效融合。

(4) 基于 IPv6 的多域单栈技术。IPv6 已成为互联网的新一代网络层协议并获得了广泛应用，6G 将采用面向大规模网络的 IPv6 多域单栈技术，即以 IPv6 协议为基础的设备互通和网间互联。另外，还要在 IPv6 的基础上实现分段路由(SRv6)技术，将用户的意图翻译成沿途网络设备可以执行的一系列指令，实现网络可编程，从而达到业务路由的灵活编排和按需定制的目的。但是，当前 SRv6 技术存在数据帧报头过长和有效负载较低的问题，尤其是在物联网通信中高频采集的小数据量场景。为了适配 6G 网络中的各种业务场景，需要通过报头压缩技术，解决 SRv6 技术中存在的传输效率低下的问题。同时，SRv6 还将在路由协议中引入特殊信息(例如基于地理位置等)，使网络更加扁平化，提高网络的可编程能力，为上层提供更丰富的网络应用。新型 SRv6 等协议以软件资源的形式和灵活 SDN 架构与高速 NFV 等硬件资源配合，共同实现高效的 6G 可编程网络。

可编程技术目前主要还是小厂家的独立解决方案，业界未能形成统一的网络可编程的技术框架，究其原因，主要在于企业自身的流程与技术耦合太深，共性的可编程框架要达到成熟状态还需要相当长的时间。

9.3　全息和新媒体技术

"全息"(Holography)即"全部信息"，是一种利用干涉和衍射原理来记录物体的反射、透射光波中的振幅相位信息，进而再现物体真实三维图像的技术。全息技术与物理学、计算机科学、电子通信以及人机交互等学科领域有着密切的联系。

全息通信是一种利用全息技术实现的新型通信方式。这种通信方式通过捕获远程位置的人和周围物体的图像，并通过网络传输全息数据，在终端处使用激光束投射，以全息图的形式投影出实时的动态立体影像，并允许与之交互。中国移动发布的《6G 全息通信业务发展趋势白皮书》中指出，全息通信的 8 大特征包括真实重现、具身交互、高实时、强冲击、多维度、跨时空、智能化、融虚实。未来全息通信的应用场景可以分为 7 个大的类别，包括多维度的信息体验、高质量的人像互动、临场态的全息展示、沉浸式的全息影像、大带宽的远程管理、低时延的精密辅助，以及超智能信息网络等。

全息通信业务是基于裸眼全息技术的高沉浸、多维度交互应用场景数据的采集、编码、传输、渲染及显示的整体应用方案，包含了从数据采集到多维度感官数据还原的整个端到端过程，是一种高沉浸式、高自然度交互的业务形态。

6G 技术将支持人类对物理世界进行更深刻的理解与感知，帮助人类构建虚拟世界与虚实融合世界，从而扩展人类的活动空间；同时支持大量智能体互联，从而延伸人类的体能和智能水平。结合 6G 技术、全息通信愿景与未来通信技术发展趋势，以扩展活动空间与延伸体能智能为基线，进行扩展与挖掘，可获得包括数字孪生、高质量全息、沉浸 XR、新型智慧城市、全域应急通信抢险、智能工厂、网联机器人、自治系统等 6G 全息通信场景与业务形态，这贴合 6G 的愿景，体现了"人-机-物-境"的完美协作。

相较于现有的 3D 视频，全息技术能够得到更强的反射和相位信息，从而更接近人眼的视觉感官，无疑会在未来形成爆发性的应用浪潮。全息图像给网络带来的技术要求主要体现为更大的带宽、更低的时延、更严格的同步，因此给网络传送技术带来巨大的冲击和挑战，可能体现在如下 4 个方面。

(1) 单流多路径。一路全息图像将达到 10 Gb/s，显然这个量级的流量直接发送到路由器的某个入端口会对该路由器产生巨大的脉冲冲击，因此单流必须被人为分解为 N 个流，且 N 个流需要沿着不同的路径来传送。

(2) 多路径同步。被分割的 N 个流之间必须严格地保持传送时延的同步，以保证在接收端能够同步到达，这要求 N 条多路径的选取是一个全局的基于确定性的路由算法。

(3) 单向 bit 传送的网络编码。因为低时延的严格要求，传统的 ARQ 模式将失效，即报文丢失之后不可能来得及再从源端重传，这要求有新的网络编码技术，确保满足接近零丢包的传送效果。

(4) 非完全路径成像。分割为 N 条单路径传送的有限局部 bit 流，在接收端的有效时间窗内如果不能全部同时到达，那么已经到达的 bit 可以实现一个次清晰度的图像重现。

面对未来全息的图像，新型的编解码技术也可能得到大力发展，端边协同的计算框架将有利于发挥网络侧计算的优势，从而提升计算的并行度并获得更低时延的收益。

9.4   精准超实时确定性

伴随物联网的发展，传统以人为主的通信网络受到极大挑战。以机器通信为主的物联网对通信质量的要求和面向人的通信方式有根本的不同，机器主体对通信数据的准确性要求更高。

以往以人为主的通信主体，对偶发的通信质量恶化带来的数据丢失、时延具有一定的容忍度。一方面人类的信息处理能力有限，对超过上限的信息质量不敏感；另一方面，人体的智能可以根据上下文的语义弥补缺少的信息。而且，即使通信质量带来体验下降，大部分情况下，只影响个人的体验，而不会带来大的损失和社会危害。因此，以往以人为主体的通信对网络的转发服务要求相对不严格，可以耐受偶发的网络服务质量下降或达不到预期。

而反观机器通信主体，完全依赖信息输入质量，如果达不到，就会导致应用出现错误。这些应用错误带来的危害取决于应用的行业特点，如远程医疗、工业控制、车联网、智能电网等行业的应用错误，引起的损失可能是灾难性的。

确定性网络技术是涵盖了网络切片、时钟同步、资源预留、优先级队列调度和流量整形等一系列协议和机制的技术集合，从整体上保证了网络带宽可控、路径/时延可控及抖动可控的确定性需求。

(1) 空中接口的确定性技术。无线空口的不可预测性是确定性网络保障的主要瓶颈。6G 网络将在 5G uRLLC 场景的技术支持基础上，进一步提升空中接口的确定性技术，可通过空口参数优化(如更小的时隙配置、更优化的空口调度方法和更灵活的帧结构)、空口参数预留(更简化、更安全的预协商预调度机制，甚至极端情况下的免调度机制)、双发选收(如终端侧的多用户聚合传输与基站多点传输的多对多联合使用)、进一步的转控分离和无线侧服务化技术以及空口精准授时能力的增强，达到 6G 时延 0.1 ms 和抖动百微秒的极致要求。

(2) QoS 管理能力的增强。6G 通过增强 QoS 架构让无线网络有更多的参与权，提高空口短板。如考虑 QoS 决策权的下沉、将单向 QoS 决策控制扩展为双向 QoS 决策控制-主动反馈机制，通过核心网、RAN、UE 甚至传输网的统一协调，实现全网端到端 QoS 的有效提升。增加 QoS 参数，针对确定性业务的特殊要求，在当前的移动网络 QoS 参数体系中补充更多的执行参数，如增加专门的 QCI 指示，针对确定性转发业务，提供时延、抖动和带宽的边界要求，增加丢包、乱序等相关的要求等。

(3) 智能监控和预测。通过在网络节点部署 AI 感知能力，深度应用网络智能化提升确定性能力，可以通过智能分析能力向上和向下渗透，连同上层的跨域协同调度，向下支持承载网的管理，实现智能化闭环控制，优化端到端确定性保障。此外，还可以借助智能面的预测能力，预测用户轨迹，进行有针对性的资源准备和数据准备等。

(4) 业务协同与能力开放。实现与工业网络兼容能力提升要打通业务与网络的接口，注重与业务之间的协调能力；支持确定性数据转发业务面向第三方伙伴的合作开放，通过能力开放提升客户确定性运营的参与度，用户可以自主定制确定性参数，并参与业务过程的管理和调度。

(5) 端到端协调管理能力提升。6G 的架构设计要注重端到端控制和管理能力的打通，支持确定性业务场景从局域向广域扩展，实现跨层跨域融合。重点解决好跨域的时间同步、跨域的路径计算、跨域的管理与协同并注重云网融合，实现确定性服务能力的端到端可编程运营。总之，在未来的 6G 网络中，需要依托于无线网、承载网与核心网相关技术的演进和发展，在网络中的每一跳实现确定性，从而实现各网络域、移动网络整体乃至业务端到端的确定性。

未来可以预见的主流的高精准通信场景(如工业互联网、远程医疗、全息通信、车联网、电力网络、专业多媒体等)都需要网络提供确定性的转发质量保障，包括有上界的时延、有边界的时延抖动、超高可靠性(极低误码率和丢包率)、确定性的带宽等。

简而言之，未来的机器通信对通信质量要求严苛得多，对网络转发质量敏感，要求网络能精准转发，严格保障要求的转发服务质量，包括转发的时延、抖动、丢包率等。因此，考虑到这些行业应用的巨大差异性，以及基于统一的网络模型，兼顾灵活和高效的目标，未来的网络必须感知应用，网络协议必须提供场景化的可编程能力，精确匹配行业应用特点和业务转发模型，才可能基于同一个网络满足差异化的极致体验要求。

9.5　软件技术的变革

与 5G 相比，6G 网络的硬件将更为集成化、模块化和白盒化，软件更为本地化、个性柔性化和开源化。未来网络基础设施建设和优化升级将主要依托云存储资源和软件升级。

软件已经发展了 70 多年，从最初的配套硬件，到如今渗透到越来越多的行业，未来软件必将定义一切(如软件定义存储、软件定义摄像机、软件定义汽车、软件定义网络,甚至软件定义卫星等),未来软件一定是向全面云化、智能化、软件定义一切的趋势发展的。

软件已经逐步成为越来越多的产品和行业的核心,同时软件的规模越来越大,迭代演进速度越来越快,开发和团队协同效率要求越来越高,对软件安全可信的要求也越来越苛刻。追求高质量和高效率的软件开发是软件开发人员永远的目标,因此软件技术有如下变革趋势。

(1) 编程语言越来越多样、简单。目前编程语言已经有上百种,从早期的机器语言,到汇编语言,再到面向过程语言、面向对象语言,编程语言的可理解性越来越高。未来随着软件对各个行业的渗透,越来越多的行业人才需要参与到专业软件的开发中,会驱使易上手、易理解、面向不同行业的编程语言(类似于大数据处理的 Scala,面向配置的脚本语言 Lua,擅长算法和数据计算的 Matlab,AI 领域广泛使用的 Python,面向安全的 Rust 等)不断产生,未来甚至可能会出现低代码和代码自动生成的编程语言。目前汽车电子软件领域的代码已经实现图形界面设计和代码自动生成。

(2) 以开源软件为代表的互联网软件开发呈现出边界开放、群体分散、交付频繁、规模巨大、知识复杂等特征。这些既给软件开发带来了挑战,同时又给软件智能化提供了数据基础。未来对软件开发效率的要求会驱使软件开发向智能化发展,代码搜索、程序合成、代码推荐与补全、缺陷检测、代码风格改善、程序自动修复逐步往智能化演进。

(3) 安全作为编程语言的一个核心要素,将不断得到加强。基于软件定义网络和软件定义安全技术,可构建可定义、灵活的 6G 网络与安全架构,形成差异化的、可定义的、快速调度部署的原生安全能力,实现安全能力、业务环节、客户需求之间的高效联动与协同效应。随着软件的全面云化,可信会变成软件基本要求(六可信:安全性(Security)、韧性(Resilience)、可用性(Availability)、可靠性(Reliability)、安全性(Safety)、隐私性(Privacy))。尤其是在通信(包括社交软件)等领域,会通过度量手段不断提升可信要求,而且会一直持续下去,没有终点。

9.6 区 块 链

自从比特币于 2008 年被提出以来,驱动其运行的区块链技术在最近十年不断推广和演进。区块链技术是一种基于密码学原理和共识算法的分布式账本技术,其特性包括去中心化、难以篡改、可追溯等。这种良好的安全特性,使其未来的应用场景不仅仅局限于数字货币的发展,而且引起了学术界还有产业界的高度重视。根据 2018 年中国区块链市场研究报告,已经部署区块链技术的企业涵盖众多行业,电信行业也是其中之一。

与传统单一网络不同,6G 网络将是异构的、可扩展的、多种网络共存的。在 6G 网络下,通过以用户为中心的网络、行业定制网络、行业互联网等各种业务网络叠加于基础网络,衍生出丰富的业务形态,多运营/管理主体共同为用户提供服务。针对复杂网络的融合与认证,6G 需要构建多方信任体系,采用去中心化、可扩展的身份认证架构,为各类终端在异构网络下提供多方接入和协同认证。而区块链技术具有去中心化、可追溯、不可篡改、匿名性和透明性等特点,是实现多方信任的重要技术。

6G 网络与区块链技术的融合能够实现去中心化和多方信任、点对点的交易和协作、分布式智能共识等，可应用于身份验证、资源共享、可信数据交互等场景，促进 6G 网络的安全应用。利用区块链共识机制、智能合约，6G 网络能够在分布式环境下实现各节点共同决策、信息共识，有助于分布式网络节点的协同处理和高效合作，实现动态频谱管理、协同边缘计算等跨网络资源聚合与共享。同时，对于数据量急剧增加的 6G 时代而言，区块链分布式存储有利于提高存证数据的处理效率和安全可靠性，实现存证审计、数据流转管控等可信数据交互。

传统的网络边界为内网设定的信任度过高，而网络的云化发展使得信任边界变得更加模糊。零信任打破了"内部可信任"和"外部不可信任"的传统安全边界，在组织内部重构以身份为中心的信任体系和动态访问控制体系，建立全新的身份边界。对于异构、云化的 6G，该理念可应用于网络的动态构建和控制。

未来网络的内生智能必将是通过"云-边-端"协同的分布式架构实现的。联邦学习(Federal Learning，FL)作为一种分布式智能实现方式，可为未来网络内生智能提供指导思路。当前 FL 普遍采用迭代模型平均算法，服务器通过迭代聚合各个本地节点上报的局部训练结果来完成全局模型的训练。在此过程中，服务器中心化的部署方式对系统安全、公平等方面都会产生潜在的威胁。例如，中心化服务器潜在的单点失效将导致系统失能；或者中心化服务器通过提高特定节点的权重来使全局模型偏向某一方向并从中获利，甚至某些恶意中心化服务器会对模型进行篡改。若保留中心化节点，这些问题在未来网络内生智能设计时同样存在。区块链因其分布式特性，与 FL 存在天然的契合关系；同时，其去中心化特性可以有效地解决上述问题。根据共识方式的选择，本地节点所产生的局部模型训练结果将由共识节点或是本地节点自身生成区块并记录上链；区块链共识将用于保证 FL 训练模型的完整性，使其不遭受恶意节点篡改。在保证系统公平性方面，智能合约技术可用于独立地确定系统中各参与方的贡献度，从而保证全局模型无偏向。此外，由于分布式智能/计算架构依赖海量网络节点提供能力，如何调动节点积极性也是亟待解决的问题之一，学界已把目光投向利用区块链的激励机制解决该问题。从传统的工作量证明(Proof of Work，PoW)到针对 FL 设计的联邦学习证明(Proof of FL，PoFL)，虽然研究尚停留于理论阶段且其真实性能有待验证，但不失为一种新颖思路。现阶段，业界仍未就 6G 网络内生智能的最终形态定义达成广泛共识，但上述基于区块链的设计理念应属于该范畴，或将在网络内生智能设计中有所融合或体现。

综上所述，区块链技术作为一种颠覆性技术，一方面可以帮助电信网络降低成本，提高效率，带来新的商业机会；另一方面可能转变当前的电信行业商业模式，这些商业模式的改变给电信行业带来了机会，也带来了挑战。GSMA 从 2017 年开始研究区块链技术对运营商的市场机会，发布的相关白皮书描述了区块链在电信行业中的应用用例，并在 2019 年启动了区块链用例和区块链关键技术的映射工作。2019 年可信区块链推进计划发布了全球首个区块链电信行业白皮书，分析了区块链在电信行业中的八大应用场景、解决方案及发展策略。

可以预见，区块链技术在号码标识管理、信令路由优化、漫游结算，以及切片和频谱资源共享等方面具有较明确的应用价值。然而，由于区块链技术本身仍然在持续演进，其在电信行业这一高度成熟的市场中的应用仍然存在不少挑战。例如，区块链应用和电信行业现有系统的融合或者替换升级将会引入较大的成本，影响全球电信行业的漫游互通，因此区块链在电信行业中的应用最可能始于局部或特定行业，其价值和代价需要审慎评估。

本 章 小 结

　　未来移动通信网络将朝着万物互联、万物智联的方向飞速发展。本章展望了未来移动通信网络的发展，包括信息智能化、网络即服务和可编程、全息和新媒体技术、精准超实时确定性、软件技术和区块链。通过这些技术，未来网络将不断提升用户的体验，改变人们的生活，最终实现"信息随心至，万物触手及"的网络互联新时代。

第 10 章　5G 核心网实验

10.1　实验网络组成

前面章节全面介绍了 5G 网络架构，核心网的信令流程、控制策略和接口协议等，为了进一步加深对 5G 核心网的理解和认识，本章设计了 5G 核心网实验，旨在通过理论和实践相结合的方式加深读者对理论知识的理解。

本章采用了如图 10.1 所示的实验组网方案，包括 5GC 核心网、服务器(iPerf Server)、5G 基站、手机(图中采用华为 mate 30)、跳转机(实现访问 UE 以及 AMF/SMF/UDM 等功能)和远程桌面系统。在实验室，可以通过装有 VPN(OpenVPN＋证书)的远程桌面系统 mstsc接入 5G 系统，开展 5G 核心网实验。

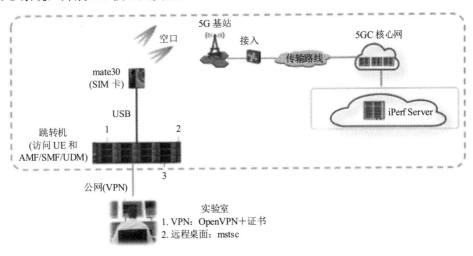

图 10.1　实验组网方案

10.2　实验相关准备

10.2.1　远端手机控制

1. scrcpy 简介

本章的 5G 核心网实验采用 scrcpy 来实现远端手机的控制。scrcpy 是一个在电脑上显示和控制 Android 设备的命令行工具，适用于 GNU/Linux、Windows 和 Mac OS。scrcpy 通过 ADB 调试的方式将手机屏幕投到电脑上，并通过电脑的鼠标、触控板、键盘等控制 Android 设备。scrcpy 既可以通过 USB 连接，又可以通过 WiFi 连接(类似于隔空投屏)，而且不需要任何 root 权限，不需要在手机里安装任何程序。scrcpy 要求 Android 5.0 及以上版本。

scrcpy 具有如下特性：① 支持键盘和鼠标操作；② 支持文件拖曳；③ 支持同时连接多台设备；④ 亮度为原生，仅显示设备屏幕；⑤ 性能方面表现出色，支持 30~60 帧/秒的帧率；⑥ 分辨率达 1920×1080 或更高；⑦ 低延迟，时延为 35~70 ms；⑧ 启动时间短，显示第一张图像约需 1 s；⑨ 非侵入性，设备上没有安装任何东西。

2. 安装准备

下载并安装 scrcpy 和 ADB 调试工具(ADB 调试工具是一款非常实用的调试工具，主要针对 Android 软件开发测试人员)。scrcpy 的下载参考链接 https://github.com/Genymobile/scrcpy/releases。

3. 部署 ADB 调试工具

1) 解压文件

下载 ADB 调试工具后对其解压，解压后的 ADB 调试工具文件见图 10.2。

名称	修改日期	类型	大小
api	2020/5/18 19:20	文件夹	
lib64	2020/5/18 19:20	文件夹	
systrace	2020/5/18 19:20	文件夹	
adb.exe	2020/4/27 23:09	应用程序	4,569 KB
AdbWinApi.dll	2020/4/27 23:09	应用程序扩展	96 KB
AdbWinUsbApi.dll	2020/4/27 23:09	应用程序扩展	62 KB
dmtracedump.exe	2020/4/27 23:09	应用程序	243 KB
etc1tool.exe	2020/4/27 23:09	应用程序	419 KB
fastboot.exe	2020/4/27 23:09	应用程序	1,367 KB
hprof-conv.exe	2020/4/27 23:09	应用程序	43 KB
libwinpthread-1.dll	2020/4/27 23:09	应用程序扩展	227 KB
make_f2fs.exe	2020/4/27 23:09	应用程序	481 KB
mke2fs.conf	2020/4/27 23:09	CONF 文件	2 KB
mke2fs.exe	2020/4/27 23:09	应用程序	735 KB
NOTICE.txt	2020/4/27 23:09	TXT 文件	353 KB
source.properties	2020/4/27 23:09	PROPERTIES 文件	1 KB
sqlite3.exe	2020/4/27 23:09	应用程序	1,339 KB

图 10.2 ADB 调试工具文件

ADB 调试工具解压后就可以开始编辑环境变量了。

2) 编辑环境变量

用鼠标右键单击计算机→属性→高级系统设置→环境变量，即可进行编辑，如图 10.3 所示。

图 10.3 编辑环境变量

查看 ADB 版本，如图 10.4 所示。

图 10.4　查看 ADB 版本

完成环境变量的编辑后，进入下一步，打开 Android 手机的 USB 调试开关。

3) 打开 USB 调试开关

在 Android 手机上打开 USB 调试开关的具体步骤如下：打开手机设置→关于手机→版本号连续点击 7 次→返回设置→系统和更新→开发人员选项→打开 USB 调试(见图 10.5)。

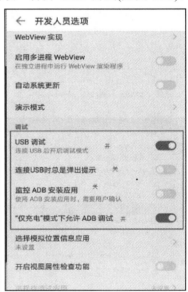

图 10.5　打开 USB 调试开关

4) 关闭防误触模式

打开手机设置→辅助功能→关闭防误触模式，如图 10.6 所示。

图 10.6　关闭防误触模式

5) 使用 scrcpy

如图 10.7 所示，双击打开 scrcpy.exe，随后可以看到如图 10.8 所示的界面。

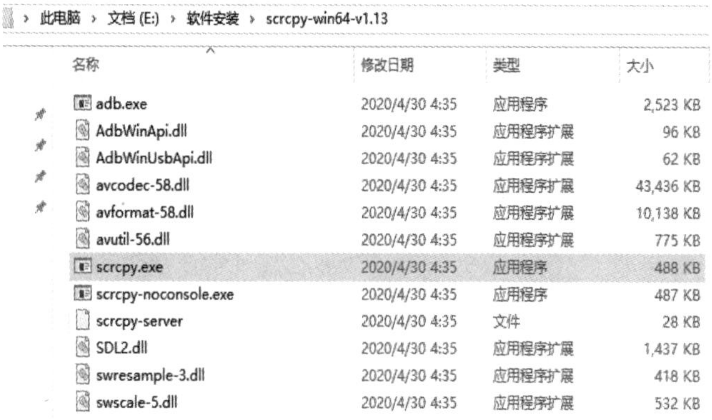

图 10.7　scrcpy 程序

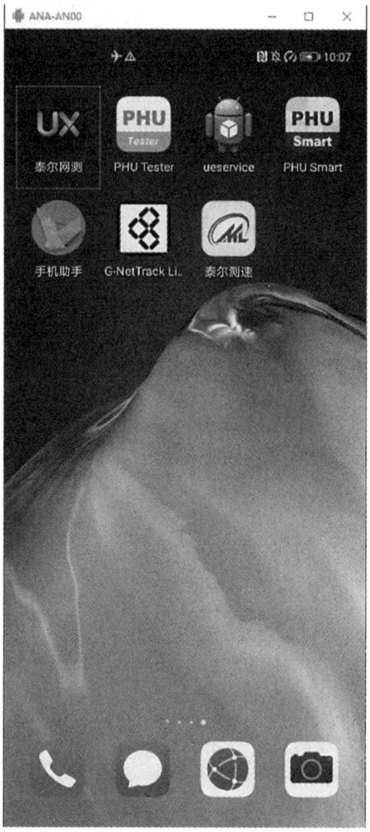

图 10.8　启动 scrcpy 模拟器

6) 快捷键及命令行

在使用 scrcpy 进行手机控制时可以采用快捷键，如表 10.1 所示。

表 10.1　操 作 快 捷 键

描　　述	快 捷 键	描　　述	快 捷 键
切换全屏模式	Ctrl+F	显示最佳窗口	Ctrl+G
点击手机电源	Ctrl+P	调节音量	Ctrl+上下键
返回	Ctrl+B	关闭设备屏幕(保持镜像)	Ctrl+O
返回到 HOME	Ctrl+H	将设备剪贴板复制到计算机	Ctrl+C
多任务	Ctrl+S	将计算机剪贴板粘贴到设备	Ctrl+V
更多操作	长按鼠标左键		

具体支持命令及快捷键可参照链接 https://github.com/Genymobile/scrcpy#run。

7) 多终端连接

通过 adb devices 指令获得不同设备的设备代号后，就可以用"scrcpy.exe –s xxxx"来连接多台设备，如图 10.9 所示。

```
E:\软件安装\scrcpy-win64-v1.13>scrcpy.exe -s xxxx
INFO: scrcpy 1.13 <https://github.com/Genymobile/scrcpy>
adb: error: failed to get feature set: device 'xxxx' not found
ERROR: "adb push" returned with value 1
Press any key to continue...
```

图 10.9　连接多终端

8) 录屏

如果要录屏，可以执行命令 scrcpy -record xxxx.mp4。

9) 配置手机连接 scrcpy 后关闭手机屏幕

如果需要在配置手机连接 scrcpy 后关闭手机屏幕，可以在如下两个命令中任选其一。

(1) scrcpy--turn-screen-off。

(2) scrcpy-S。

10.2.2　PDU 会话相关知识

1. PDU 会话建立原因

PDU 会话用于打通用户面的通道，完成用户终端 UE 与数据网络 DN 之间的数据传输。一个 PDU 会话是指一个 UE 与 DN 之间进行通信的过程，5G 系统中的 PDU 会话类似于 2/3G 中的 PDP 上下文、4G 中的承载上下文。PDU 会话信息包含用户面的数据路由、QoS、计费、切片、速率等重要信息。5G 数据面示意图如图 10.10 所示。

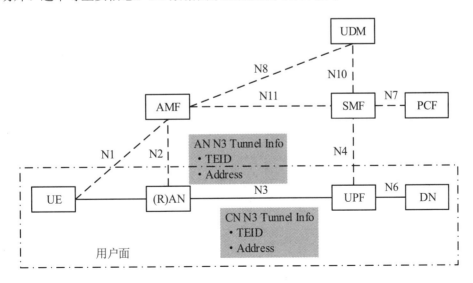

图 10.10　5G 数据面示意图

2. 信令流程

5G 终端在有业务需求时发起 PDU 会话，包含创建 SM Context(会话管理上下文)、SM 策略建立、N4 会话建立、打通上行通道和打通下行通道等过程，如图 10.11 所示。

PDU 会话除了建立的过程，还包括会话修改、会话释放的过程。本实验重点以会话建立为主，其他信令流程读者可以自行查阅 3GPP 协议进行学习。

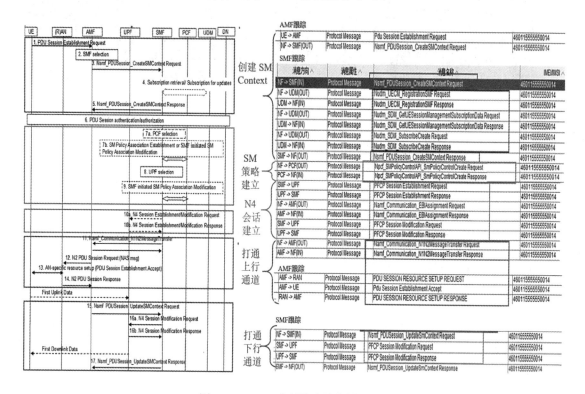

图 10.11　PDU 会话信令流程图

3. PCF 网元参数配置逻辑

5G 核心网架构中的 PCF 如图 10.12 所示，各个网元的含义已在第 2 章中描述。

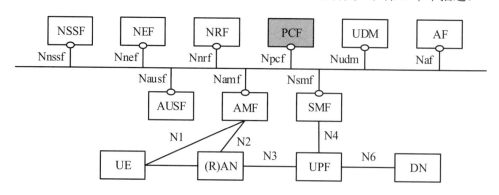

图 10.12　5G 架构中 PCF 的位置

5G PCF 业务配置参考 3GPP 协议 23.502、23.503、29.512 和 29.513，其中配置参数之

间的关系如图 10.13 所示。从图 10.13 中可以看出，service(业务)下包括 Policy(策略)和 Quota(配额)，其中 Policy 又包括 Rule(规则)和 Trigger(触发)。

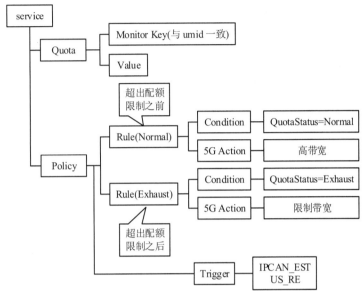

图 10.13　PCF 参数逻辑 1

PCF 下发 http 和 ftp 动态 pcc rule 的两个 service 流量配额，用户只能访问这两个业务，同时下发 session 配额，如图 10.14 所示。

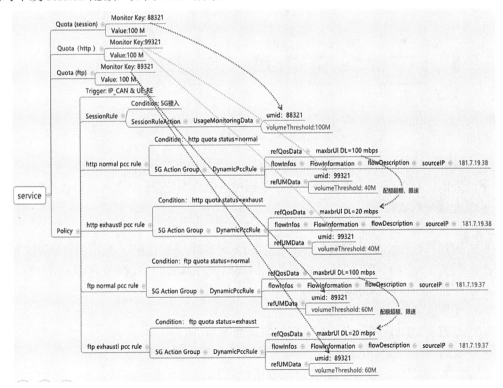

图 10.14　PCF 参数逻辑 2

10.3　5G First Call 数据业务实验

10.3.1　实验描述

本实验通过配置 5GC 相关网元，打通数据面的端到端流程，包括注册、PDU 会话以及进行数据的灌包，实现上传和下载功能。

在注册之后，第一次发出来的信件或者电话，都属于 First Call。

10.3.2　实验步骤

5G 逻辑架构如图 10.15 所示，本节分别介绍 UNC(User Network Connector)和 UDG(User Data Group)配置、UDM 常用配置和变更业务带宽的配置。

UNC 和 UDG 是 5G 核心网设备，UNC 包含其中的 AMF、SMF 和 NRF，UDG 就是 UPF。

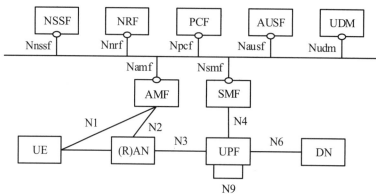

图 10.15　5G 逻辑架构

1. UNC 和 UDG 配置

下面给出了 UNC 和 UDG 配置范例，是通过电脑命令行来对 5G 核心网进行配置的。

// 1. 配置基础数据(略)

// 2. 切片选择数据(略)

// 3. 配置本端向 NRF 注册的数据，如果是 Local NRF(本地注册)，就不需要配置这些(略)

// 4. 配置 UNC 向 NRF 注册的信息，同时还需要在系统的 JSON 文件中配置(略)

// 5. 配置到 NG-RAN 的数据(略)

// 6. 配置到 AUSF 的数据(略)

// 7. 配置到 UDM 的数据(部分关键配置项如图 10.16 所示)

// 8. 配置 AMF 和 SMF 间的数据(部分关键配置项如图 10.17 所示)

// 9. 配置到 UPF 的数据(部分关键配置项如图 10.18 所示)

// 10. 配置到 DNN 的数据(部分关键配置项如图 10.19 所示)

ADD PNFPROFILE: NFINSTANCEID = "UDM_Instance_0"， NFTYPE = NfUDM， NFSTATUS = Registered， IPADDRESSTYPE = IPTypeV4，IPV4ADDRESS1 = "182.1.141.122"， PORT = 8080;

ADD PNFSUPI: NFINSTANCEID = "UDM_Instance_0"， SUPIPREFIX = "imsi-460031200100001";

ADD PNFSUPI: NFINSTANCEID = "UDM_Instance_0"， SUPIPREFIX = "imsi-460034500100002";

ADD PNFSUPI: NFINSTANCEID = "UDM_Instance_0"， SUPIPREFIX = "imsi-460034500100003";

ADD PNFSUPI: NFINSTANCEID = "UDM_Instance_0"， SUPIPREFIX = "imsi-460034500100004";

ADD PNFSUPI: NFINSTANCEID = "UDM_Instance_0"， SUPIPREFIX = "imsi-460034500100005";

图 10.16 UDM 的数据配置范例

ADD PNFPROFILE: NFINSTANCEID = "SMF_Instance_0", NFTYPE = NfSMF, NFSTATUS = Registered, IPADDRESSTYPE = IPTypeV4, IPV4ADDRESS1 = "182.1.131.154", PORT = 31037;

ADD PNFSERVICE: NFINSTANCEID = " SMF_Instance_0", SRVINSTANCEID = "Service_Instance_0", SERVICENAME = "nsmf-pdusession", SCHEMA="http";

ADD PNFDNN: NFINSTANCEID = "SMF_Instance_0", DNN = "huawei.com";

ADD PNFNS: NFINSTANCEID = "SMF_Instance_0", SST=1, SD="010101";

ADD PNFPROFILE: NFINSTANCEID = "AMF_Instance_0", NFTYPE = NfAMF, NFSTATUS = Registered, IPADDRESSTYPE = IPTypeV4, IPV4ADDRESS1 = "182.1.131.154", PORT=31037;

ADD PNFSERVICE: NFINSTANCEID = "AMF_Instance_0", SRVINSTANCEID = "Service_Instance_0", SERVICENAME = "namf-comm", SCHEMA = "http";

ADD PNFSUPI: NFINSTANCEID = "AMF_Instance_0", SUPIPREFIX = "imsi-460031200100001";

图 10.17 AMF 和 SMF 间的数据配置范例

ADD CPNODE: CPNODEINDEX = 1, NODEIDTYPE = IPV4, NODEIDIPV4VALUE = "182.1.131.154", CPFUNCTION = 0;

ADD CPPOINT: CPPOINTINDEX = 1, CPNODEINDEX = 1, IPVERSION = IPV4, IPV4 = "182.1.131.154", PORT = 8805;

//ADD UPNODE: UPNODEINDEX = 1, NODEIDTYPE = IPV4, NODEIDIPV4VALUE = "100.199.191.10", LOCATION = 1, FUNCTION = 0;

ADD UPNODE: UPNODEINDEX = 1, NODEIDTYPE = IPV4, NODEIDIPV4VALUE = "100.199.192.10", LOCATION = 1, FUNCTION = 0;

//ADD UPPOINT: UPPOINTINDEX = 1, UPNODEINDEX = 1, IPVERSION = IPV4, IPV4 = "100.199.191.10", PORT = 8805;

ADD UPPOINT: UPPOINTINDEX = 1, UPNODEINDEX = 1, IPVERSION = IPV4, IPV4 = "100.199.192.10", PORT = 8805;

图 10.18 UPF 的数据配置范例

ADD DNNGROUP: GROUPID = 1, GROUPNAME = "dnn_group_1";

ADD DNNGROUPMEM: DNNGROUPID = 1, DNN = "huawei.com";

ADD UPDNN: UPNODEINDEX = 1, DNNGROUPID = 1;

ADD TAIGROUP: GROUPID = 1, GROUPNAME = "tai_group_1";

//ADD TAIGROUPMEM: TAIGROUPID = 1, BEGINTAI = "46003000000", ENDTAI = "46003FFFFFF";

ADD TAIGROUPMEM: TAIGROUPID = 1, BEGINTAI = "46003000000", ENDTAI = "46003000010";

ADD TAIGROUPMEM: TAIGROUPID = 1, BEGINTAI = "46003001389", ENDTAI = "4600300138A";

ADD UPTAI: UPNODEINDEX = 1, TAIGROUPID = 1;

图 10.19 DNN 的数据配置范例

2. UDM 常用配置

UDM 用户配置界面如图 10.20 所示，是通过登录 CSP WebUI 来进行配置的，具体步骤如下。

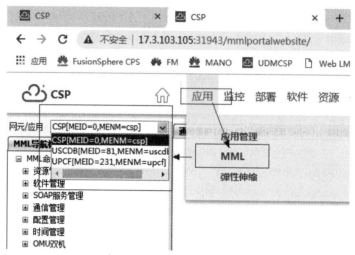

图 10.20   UDM 用户配置界面

1）登录 CSP WebUI

举例：https://17.3.103.105:31943。

在网络功能虚拟化管理和编排(MANO)安装部署时，初始用户名密码为 XXXXXXX。

2）登录到 UDM-BE 界面

按照应用→MML→USCDB 进行操作，如图 10.20 所示。

3）查询 UDM PGW IP

查询 UDM 中 PGW 的 IP 地址的方法如图 10.21 所示。

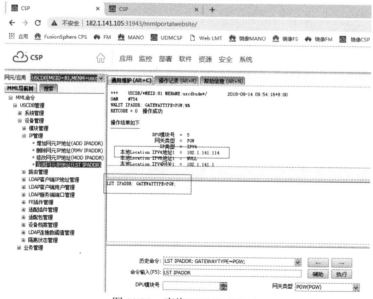

图 10.21   查询 UDM PGW IP

4) 通过 PGW IP 登录至 PGW

在查询到 PGW 的 IP 地址后，就可以通过该 IP 地址登录至 PGW，主界面如图 10.22 所示。

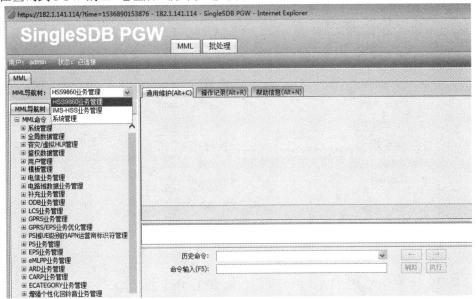

图 10.22　通过 PGW IP 登录至 PGW

在图 10.22 所示的界面中，就可以通过命令来实现 UDM 常用操作，图 10.23 所示的命令是常用的开户签约命令。

ADD KI: HLRSN = 1, IMSI = "460031200100001", KIVALUE = "1111111111111111111111111111111", CARDTYPE = USIM, ALG = MILENAGE, OPCVALUE = "1111111111111111111111111111111", KEYTYPE = ClearKey;
//根据需要调整 IMSI、KIvalue、OPC，KI 和 OPC 在测试时常使用全 1；

ADD SUB: HLRSN = 1, IMSI = "460031200100001", ISDN = "222111111111111", CARDTYPE = USIM, NAM = BOTH, DEFAULTCALL = TS11, TS = TS11&TS21&TS22&TS61&TS62; //开户，根据需要调整 IMSI 和 ISDN；

MOD AMDATA: IMSI = "460031200100001", PROV = TRUE, AMBRUP = 1234, AMBRDW = 1234, NSSAITPLID = 1, RATRESTRICT = NR, SERAREATPLID = 1, CNRESTRICT = 5GC, RFSPINDEX = 1, SUBSREGTIMER = 11, UEUSAGETYPE = 11, MPS = TRUE, ACTIVETIME = 11, DLBUFFER = 11, AUTHTYPE = 5G-AKA; //签约 AMDATA:

ADD SMDATA: IMSI = "460034400100006", SNSSAI = "01010101", DNN = "huawei.com", PDUTYPE = IPV6, ALLOWEDPDUTYPE = IPV4, SSCMODE = SSC_MODE_2, ALLOWEDSCCMODE = SSC_MODE_1, LADN = FALSE, DEFAULT ＝ TRUE, LBO = TRUE, NGQOSTPLID = 1, CHARGE = "1111"; //签约 SMDATA

ADD SMDATA: IMSI = "460031200100002", SNSSAI = "01010101", DNN = "huawei.com", PDUTYPE = IPV6, ALLOWEDPDUTYPE = IPV4, SSCMODE = SSC_MODE_2, ALLOWEDSCCMODE = SSC_MODE_1, LADN = FALSE, DEFAULT = TRUE, LBO = TRUE, NGQOSTPLID = 1, CHARGE = "1111", IPV4ADDR = "192.167.0.2"; //如果需要签约静态 IP

图 10.23　常用开户签约命令范例

签约 AMDATA 命令可以根据需要调整 NSSAI 模板 ID、无线接入类型限制、业务限制信息模板、核心网接入类型限制等，如图 10.24 所示。

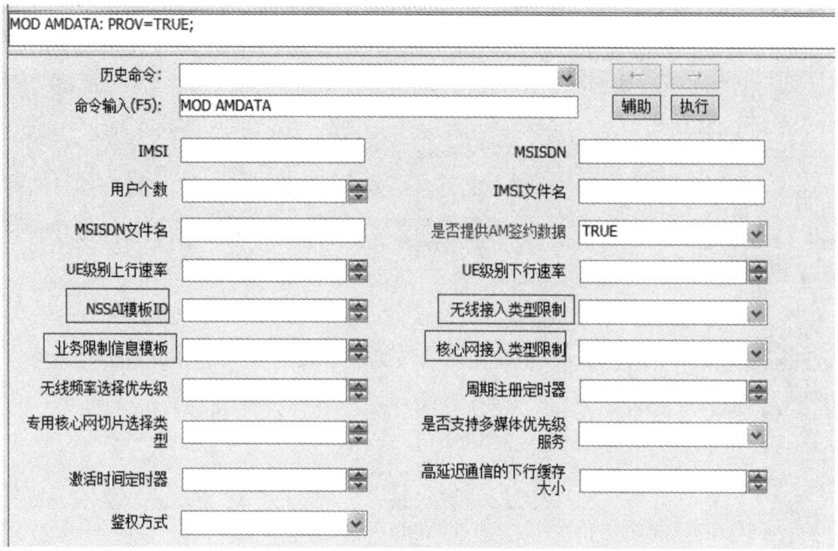

图 10.24　签约 AMDATA

如果要取消签约 AMDATA，则可使用如图 10.25 所示的配置。

图 10.25　取消签约 AMDATA

签约 SMDATA 命令可以根据需要调整切片信息 ID、数据网名称、5GC QOS 模板 ID 等，如图 10.26 所示。

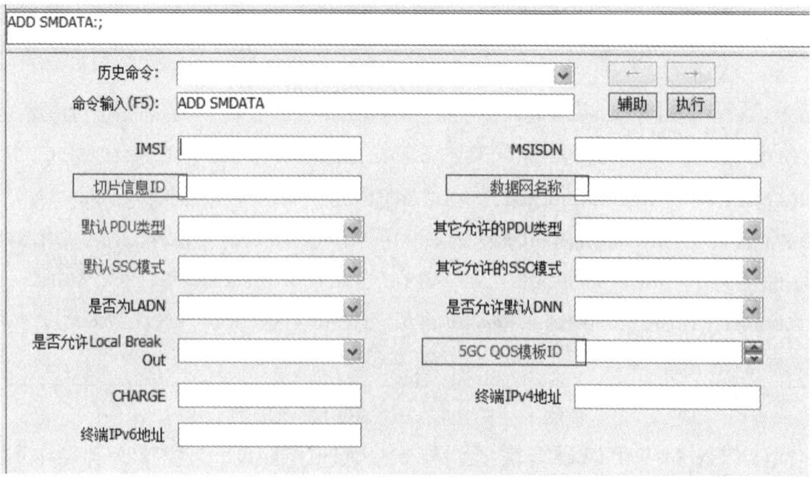

图 10.26　签约 SMDATA

除了上述开户签约，UDM 还可以进行添加 NGQOS 模板、添加 NSSAI 切片信息模板、添加区域限制模板、重新签约 AMDATA、签约修改为禁止 5G 接入、签约修改为禁止 4G 接入、签约打开 LADN、签约关闭 LADN、删除 5G 签约数据以及 UDM 侧发起 Deregistration Notification 去注册订阅等过程，具体如图 10.27 所示。

```
//添加 NGQOS 模板
ADD NGCQOSTPL: HLRSN = 1, TPLID = 14, NGQI = 4, PRILEVEL = 1, PREEMPTIONCAP = FALSE, PREEMPTIONVUL
= FALSE, AMBRUP = 7777777, AMBRDW = 7777777;
//添加 NSSAI 切片信息模板
ADD NSSAITPL: HLRSN = 1, TPLID = 5, DEFAULTSNSSAIS = "[{\"sst\":2\, \"sd\":\"010102\"}]", SNSSAIS = "[{\"sst\":2\,
\"sd\":\"010102\"}]";
ADD NSSAITPL: HLRSN = 1, TPLID = 6, DEFAULTSNSSAIS = "[{\"sst\":1\, \"sd\":\"010101\"}\, {\"sst\":2\,
\"sd\":\"010102\"}]", SNSSAIS = "[{\"sst\":1\, \"sd\":\"010101\"}\, {\"sst\":2\, \"sd\":\"010102\"}]";
//添加区域限制模板
ADD SERAREATPL: HLRSN = 1, TPLID = 3, SERAREAINFO = "[{\"restrictionType\":\"FORBIDDEN_AREA\"\, \"areaInformation\":
{\"tacs\": [\"000001\"\, \"12\"]\, \"areaCodes\": [\"29\"\, \"25\"]\, \"maxNumderTAs\": 2}\, \"ratTypes\": [\"NR\"]}]";
ADD SERAREATPL: HLRSN = 1, TPLID = 2, SERAREAINFO = "[{\"restrictionType\":\"FORBIDDEN_AREA\"\, \"areaInformation\":
{\"tacs\": [\"000001\"\, \"12\"]\, \"areaCodes\": [\"29\"\, \"25\"]\, \"maxNumderTAs\": 2}\, \"ratTypes\": [\"EUTRA\"]}]";
ADD SERAREATPL: HLRSN = 1, TPLID = 1, SERAREAINFO = "[{\"restrictionType\":\"SAR_ALLOWED_AREA\"\, \"areaInformation\":
{\"tacs\": [\"10\"\, \"12\"]\, \"areaCodes\": [\"29\"\, \"25\"]\, \"maxNumderTAs\": 2}\, \"ratTypes\": [\"EUTRA\"]}]";
//重新签约 AMDATA
MOD AMDATA: IMSI = "460034500100011", PROV = FALSE;
MOD AMDATA: IMSI = " 460034500100011", PROV = TRUE, AMBRUP = 1073741824, AMBRDW = 1073741824,
NSSAITPLID = 1, RATRESTRICT = WLAN, SERAREATPLID = 3, CNRESTRICT = EPC,   RFSPINDEX = 1, SUBSREGTIMER =
11, UEUSAGETYPE = 11, MPS = TRUE, ACTIVETIME = 11, DLBUFFER = 11, AUTHTYPE = 5G-AKA;
//签约修改为禁止 5G 接入
MOD AMDATA: IMSI = "460034500100011", PROV = TRUE, CNRESTRICT = 5GC;
//签约修改为禁止 4G 接入
MOD AMDATA: IMSI = "460034500100011", PROV = TRUE, CNRESTRICT = EPC;
//签约打开 LADN
MOD SMDATA: IMSI = "460034500100011", SNSSAI = "01010101", DNN = "huawei.com", LADN = TRUE;
//签约关闭 LADN
MOD SMDATA: IMSI = "460034500100011", SNSSAI = "01010101", DNN = "huawei.com", LADN = FALSE;
//删除 5G 签约数据
MOD AMDATA: IMSI = "460034500100011", PROV = FALSE;
RMV SMDATA: IMSI = "460034500100011";
//UDM 侧发起 Deregistration Notification 去注册订阅
SND CANCELC: IMSI = "460031200100001", DEST = AMF, CANCELTYPE = subscriptionWithdraw;
```

图 10.27　UDM 命令范例

3. 变更业务带宽

变更业务带宽的步骤如下。

(1) 登录核心网元 UDM，查看用户签约数据。

(2) 使用华为 mate30 手机，登录 iPerf 软件，向数据服务器进行灌包，如图 10.28 所示。

图 10.28　通过 iPerf 灌包

(3) 登录核心网元 UDM，修改用户签约数据，增加/减少用户上网带宽。

(4) 使用华为 mate30 手机，登录 iPerf 软件，再次向数据服务器进行灌包，如图 10.29 所示。

图 10.29　通过 iPerf 验证业务带宽

对照图 10.28 和图 10.29，可以看出业务带宽有了明显的变化。

本 章 小 结

　　本章给出了 5G 核心网实验，目的是通过实际动手环节为读者提供直观的 5G 核心实验操作，以帮助读者更好地理解 5G 核心网的实现细节和技术特点。本章在给出 5G 组网、实验软硬件环境后，详细地介绍了数据业务实验的步骤，以及预期的实验结果，实现了理论和实际的有机结合，加深了读者对理论知识的理解。

附录 缩略词表

缩　写	英　文　全　称	中　文　全　称
3GPP	3rd Generation Partnership Project	第三代合作伙伴计划
5G AA	5G Automotive Association	5G 汽车协会
5G ACIA	5G Alliance for Connected Industries and Automation	5G 产业自动化联盟
5G AIA	5G Applications Industry Array	5G 应用产业方阵
5G DNA	5G Deterministic Networking Alliance	5G 确定性网络产业联盟
5G IA	5G Infrastructure Association	5G 基础设施协会
5G MAG	5G Media Action Group	5G 媒体行动小组
5GC	5G Core	5G 核心网络
5QI	5G QoS Identifier	5G QoS 标识
AA	Allowed Area	允许区域
AF	Application Function	应用功能
AM	Access Management	访问管理
AM Policy	Access and Mobility management related Policy	接入与移动性管理相关策略
AMBR	Aggregated Maximum Bit Rate	聚合最大比特速率
AMF	Access and Mobility Management Function	接入和移动性管理功能
AMPS	Advanced Mobile Phone System	高级移动电话系统
ANDSP	Access Network Discovery and Selection Policy	接入网发现与选择策略
APP	Application	应用程序
AR	Augmented Reality	增强现实
ARD	Access Restriction Data	接入限制数据
ARP	Allocation and Retention Priority	分配和保留优先级
AS	Access Stratum	接入层
AT&T	American Telephone and Telegraph	美国电话电报公司
AUSF	Authentication Server Function	鉴权服务功能
B2B	Business-to-Business	企业对企业
B2B2X	Business-to-Business-to- Everything	企业对企业对一切
B2C	Business-to-Consumer	企业对消费者
B2H	Business-to-Home	企业对家庭
BP	Branching Point	分支点
C-DNS	Central DNS Server	中心 DNS 服务器

续表一

缩　写	英　文　全　称	中文全称
CNCF	Cloud Native Computing Foundation	云原生计算基金会
CS	Communication Service	通信服务
CSC	Communication Service Customer	通信服务客户
CSMF	Communication Service Management Function	通信服务管理功能
CSP	Communication Service Provider	通信服务提供商
CUPS	Control and User Plane Separation	控制面和用户面分离
DDN	Downlink Data Notification	下行数据通知
DN	Data Network	数据网络
DNN	Data Network Name	数据网络名称
DOU	Dataflow of Usage	每户上网流量
DRB	Data Radio Bearer	数据无线承载
EASDF	Edge Application Server Discovery Function	边缘应用服务发现功能
eMBB	enhanced Mobile Broadband	增强型移动宽带
eNodeB	evolved Node B	4G 基站
ETSI	European Telecommunications Standards Institute	欧洲电信标准组织
FlexE	Flex Ethernet	灵活以太网
FWA	Fixed Wireless Access	固定无线接入
GBR QoS Flow	Guaranteed flow Bit Rate QoS Flow	保证带宽 QoS 流
GFBR	Guaranteed Flow Bit Rate	保证的流比特速率
GPRS	General Packet Radio Service	通用分组无线业务
GPSI	Generic Public Subscription Identifier	通用公共订户标识
GSM	Global System for Mobile Communications	全球移动通信系统
GSMA	Groupe Speciale Mobile Association	全球移动通信系统协会
HCS	Harmonized Communication and Sensing	协调通信和传感
HPLMN	Homed Public Land Mobile Network	归属公共陆地移动网络
HSS	Home Subscriber Server	归属用户服务器
IDT	Implicit De-registration Timer	隐式去注册定时器
IMS	IP Multimedia Subsystem	IP 多媒体子系统
ISDN	Integrated Services Digital Network	综合业务数字网
ISG	Industry Specification Group	行业规范组
ITU	International Telecommunication Union	国际电信联盟
KPI	Key Performance Index	关键性能指标
LADN	Local Area Data Network	本地数据网络
LTE	Long Term Evolution	长期演进
MDBV	Maximum Data Burst Volume	最大数据突发量

续表二

缩　写	英 文 全 称	中文全称
MEAO	MEC Application Orchestrator	MEC 编排器
MEC	Multi-access Edge Computing	多接入边缘计算
MEPM-V	MEC Platform Manager-NFV	MEC 平台管理器
MFBR	Maximum Flow Bit Rate	最大流比特速率
MICO	Mobile Initiated Connection Only	仅移动终端发起连接
MIMO	Multiple Input Multiple Output	多进多出
MME	Mobility Management Entity	移动性管理实体
mMTC	massive Machine Type Communication	海量机器类通信
MRT	Mobile Reachable Timer	移动可达定时器
MS	Mobile Station	移动台
MSC	Mobile Switching Center	移动交换中心
MSRN	Mobile Station Roaming Number	移动台漫游号码
MTS	Mobile Telephone Service	移动车载电话服务
NAA	Non-Allowed Area	非允许区域
NaaS	Network as a Service	网络即服务
NAS	Non Access Stratum	非接入层
NB-IoT	Narrow Band Internet of Things	窄带物联网
NEF	Network Exposure Function	网络能力开放功能
NF	Network Function	网络功能
NFS	Network Function Service	网络功能服务
NFV	Network Function Virtualization	网络功能虚拟化
NFVI	Network Functions Virtualization Infrastructure	网络功能虚拟基础设施
NFV-MANO	Network Function Virtualization Management And Network Orchestration	NFV 管理和编排系统
NFVO	Network Functions Virtualization Orchestrator	网络功能虚拟化编排器
NG-AP	Next Generation Application Protocol	下一代应用协议
NITZ	Network Identity and Time Zone	网络标识和时区
Non-GBR QoS Flow	Non-Guaranteed flow Bit Rate QoS Flow	非保证带宽 QoS 流
NR	New Radio	新无线电
NRF	Network Repository Function	网络存储功能
NSACF	Network Slice Admission Control Function	网络切片准入控制功能
NSI	Network Slice Instance	网络切片实例
NSMF	Network Slice Management Function	网络切片管理功能
NSS	Network Slice Subnet	网络切片子网

续表三

缩　写	英　文　全　称	中文全称
NSSAAF	Network Slice-Specific Authentication and Authorization Function	特定网络切片认证和授权功能
NSSF	Network Slice Selection Function	网络切片选择功能
NSSMF	Network Slice Subnet Management Function	网络切片子网管理功能
NSSP	Network Slice Selection Policy	网络切片选择策略
OFDM	Orthogonal Frequency Division Multiplexing	正交频分复用技术
OT	Operation Technology	操作技术
P-GW	PDN Gateway	PDN 网关
PaaS	Platform as a Service	平台即服务
PCF	Policy Control Function	策略控制功能
PCRF	Policy and Charging Rules Function	策略和计费规则功能网元
PDB	Packet Delay Budget	数据包时延
PDN	Public Data NetWorks	公共数据网
PDR	Packet Detection Rule	报文检测规则
PEI	Permanent Equipment Identifier	永久设备标识
PER	Packet Error Rate	数据包误码率
PPF	Paging Proceed Flag	寻呼过程标记
PRUT	Periodic Registration Update Timer	周期性地执行注册流程的定时器
QER	QoS Enforcement Rule	QoS 执行规则
QFI	QoS Flow Identifier	服务质量流标识
QNC	QoS Notification Control	通知控制
QoS	Quality of Service	服务质量
(R)AN	(Radio) Access Network	无线电接入网
RA	Registration Area	注册区
RAT	Radio Access Technology	无线电接入技术
RFSP	RAT/Frequency Selection Policy	接入/频点选择策略
RQ Timer	Reflective QoS Timer	反射 QoS 定时器
RQA	Reflective QoS Attribute	反射 QoS 属性
RQC	Reflective QoS Control	反射 QoS 控制
RQI	Reflective QoS Indication	反射 QoS 指示
RTBC	Real-Time Broadband Communication	实时宽带通信
S-GW	Serving Gateway	服务网关
SA	Standalone	独立组网
SBA	Service-Based Architecture	基于服务化的架构
SDF	Service Data Flow	特定业务流信息

缩　写	英 文 全 称	中文全称
SDN	Software Defined Network	软件定义网络
SLA	Service Level Agreement	服务等级协议
SM Policy	Session Management related Policy	会话管理相关策略
SMF	Session Management Function	会话管理功能
S-NSSAI	Single Network Slice Selection Assistance Information	单个网络切片选择协助信息
SSC	Session and Service Continuity	会话及业务连续性
SUCI	Subscription Concealed Identifier	用户隐藏标识
SUPI	Subscription Permanent Identifier	用户永久标识
TA	Tracking Area	跟踪区
TACS	Total Access Communication System	全接入信系统
TAI	Tracking Area Identifier	跟踪区域标识
TCO	Total Cost of Ownership	总体拥有成本
ToB	To Business	面向行业
TSN	Time Sensitive Networking	时间敏感网络
TTM	Time to Market	产品上市周期
UCBC	Uplink Centric Broadband Communication	上行中心宽带通信
UDM	Unified Data Management	统一数据管理功能
UDR	Unified Data Repository	统一数据仓储功能
UE	User Equipment	用户设备
ULCL	Uplink Classifier	上行分类器
UPF	User Plane Function	用户面功能
uRLLC	ultra Reliable & Low Latency Communication	超高可靠低时延通信
URSP	UE Route Selection Policy	UE 路由选择策略
VIM	Virtualized Infrastructure Manager	虚拟基础设施管理器
VM	Virtual Machine	虚拟机
VNF	Virtualized Network Function	虚拟化网络功能
VNFM	Virtualized Network Function Manager	虚拟化网络功能模块管理器
VNI	VXLAN Network Identifier	VXLAN 网络标识
VPLMN	Visited Public Land Mobile Network	拜访公共陆地移动网络
VPN	Virtual Private Network	虚拟专用网络
VR	Virtual Reality	虚拟现实
VXLAN	Virtual eXtensible Local Area Network	虚拟扩展局域网
WLAN	Wireless Local Area Network	无线局域网
XR	Extended Reality	扩展现实

参 考 文 献

[1]　Service Requirements for the 5G System：3GPP TS 22.261[S/OL].

[2]　Service Accessibility：3GPP TS 22.011[S/OL].

[3]　Service Requirements for Cyber-Physical Control Applications in Vertical Domains：3GPP TS 22.104[S/OL].

[4]　Service Aspects；Service Principles：3GPP TS 22.101[S/OL].

[5]　Architectural Requirements：3GPP TS 23.221[S/OL].

[6]　System Architecture for the 5G System：3GPP TS 23.501[S/OL].

[7]　Procedures for the 5G System：3GPP TS 23.502[S/OL].

[8]　Policy and Charging Control Framework for the 5G System; Stage 2：3GPP TS 23.503[S/OL].

[9]　General Packet Radio Service (GPRS) Enhancements for Evolved Universal Terrestrial Radio Access Network (E-UTRAN) Access：3GPP TS 23.401[S/OL].

[10]　Non-Access-Stratum (NAS) Functions Related to Mobile Station in Idle Mode：3GPP TS 23.122[S/OL].

[11]　Numbering，Addressing and Identification：3GPP TS 23.003[S/OL].

[12]　Network Architecture：3GPP TS 23.002[S/OL].

[13]　User Data Convergence (UDC)；Technical Realization and Information Flows；Stage 2：3GPP TS 23.335[S/OL].

[14]　NR；NR and NG-RAN Overall Description：3GPP TS 38.300[S/OL].

[15]　NR；Radio Resource Control (RRC)；Protocol Specification：3GPP TS 38.331[S/OL].

[16]　Security Architecture and Procedures for 5G System：3GPP TS 33.501[S/OL].

[17]　Evolved Universal Terrestrial Radio Access (E-UTRA) and Evolved Universal Terrestrial Radio Access Network (E-UTRAN)；Overall Description；Stage 2：3GPP TS 36.300[S/OL].

[18]　Evolved Universal Terrestrial Radio Access (E-UTRA)；Radio Resource Control (RRC)；Protocol Specification：3GPP TS 36.331[S/OL].

[19]　Evolved Universal Terrestrial Radio Access (E-UTRA)；User Equipment (UE) Procedures in Idle Mode：3GPP TS 36.304[S/OL].

[20]　Evolved Universal Terrestrial Radio Access (E-UTRA) and NR；Multi-Connectivity；Stage 2：3GPP TS 37.340[S/OL].

[21]　NG-RAN；NG Application Protocol (NGAP)：3GPP TS 38.413[S/OL].

[22]　NG-RAN Architecture Description：3GPP TS 38.401[S/OL].

[23]　NG-RAN；NG General Aspects and Principles：3GPP TS 38.410[S/OL].

[24]　Charging Management；Charging Architecture and Principles：3GPP TS 32.240 [S/OL].

[25] Architecture Enhancements to Facilitate Communications With Packet Data Networks and Applications：3GPP TS 23.682[S/OL].

[26] Functional Stage 2 Description of Location Services (LCS)：3GPP TS 23.271[S/OL].

[27] Study on Management and Orchestration of Network Slicing for Next Generation Network：3GPP TR 28.801[S/OL].

[28] Management and Orchestration；Provisioning：3GPP TS 28.531[S/OL].

[29] Management and Orchestration；Generic Management Services：3GPP TS 28.532[S/OL].

[30] Management and Orchestration；Architecture Framework：3GPP TS 28.533[S/OL].

[31] Non-Access-Stratum (NAS) Protocol for 5G System (5GS)；Stage3：3GPP TS 24.501 [S/OL].

[32] Access to the 5G System (5GS) Via non-3GPP Access Networks；Stage 3：3GPP TS 24.502 [S/OL].

[33] WLAN Connectivity for 5GS Management Object (MO)：3GPP TS 24.568[S/OL].

[34] UE Policies for 5G System (5GS)；Stage 3：3GPP TS 24.526[S/OL].

[35] Technical Specification Group Radio Access Network：3GPP TS 38.305[S/OL].

[36] 5G System；Access and Mobility Management Services；Stage 3：3GPP TS 29.518[S/OL].

[37] 5G System：Network Function Repository Services；Stage 3：3GPP TS 29.510[S/OL].

[38] General Packet Radio System (GPRS) Tunnelling Protocol User Plane (GTPv1-U)：3GPP TS 29.281[S/OL].

[39] 5G System: Technical Realization of Service Based Architecture；Stage 3：3GPP TS 29.500[S/OL].

[40] 5G System: Principles and Guidelines for Services Definition；Stage 3：3GPP TS 29.501[S/OL].

[41] 5G System：Session Management Services；Stage 3：3GPP TS 29.502[S/OL].

[42] 5G System：Unified Data Management Services；Stage 3：3GPP TS 29.503[S/OL].

[43] 5G System：Authentication Server Services；Stage 3：3GPP TS 29.509[S/OL].

[44] 5G System；Equipment Identity Register Services；Stage 3：3GPP TS 29.511[S/OL].

[45] 5G System；Network Slice Selection Services；Stage 3：3GPP TS 29.531[S/OL].

[46] 5G System；Public Land Mobile Network (PLMN) Interconnection；Stage 3：3GPP TS 29.573[S/OL].

[47] 5G System；Policy and Charging Control Signalling Flows and QoS Parameter Mapping；Stage 3：3GPP TS 29.513[S/OL].

[48] 5G System；Access and Mobility Policy Control Service；Stage 3：3GPP TS 29.507[S/OL].

[49] 5G System；Session Management Policy Control Service；Stage 3：3GPP TS 29.512 [S/OL].

[50] 5G System；Policy Authorization Service；Stage 3：3GPP TS 29.514[S/OL].

[51] 5G System；Background Data Transfer Policy Control Service；Stage 3：3GPP TS 29.554[S/OL].

[52] 5G System；Session Management Event Exposure Service；Stage 3：3GPP TS 29.508

[S/OL].

[53] 5G System；Binding Support Management Service；Stage 3：3GPP TS 29.521[S/OL].

[54] 5G System；Interworking Between 5G Network and External Data Networks；Stage 3：
3GPP TS 29.561[S/OL].

[55] 5G System；Network Exposure Function Northbound APIs；Stage 3：3GPP TS 29.522
[S/OL].

[56] 5G System；Packet Flow Description Management Service；Stage 3：3GPP TS 29.551 [S/OL].

[57] 5G System；Unified Data Repository Services；Stage 3：3GPP TS 29.504[S/OL].

[58] 5G System；Usage of the Unified Data Repository Services for Subscription Data；Stage
3：3GPP TS 29.505[S/OL].

[59] 5G System；Usage of the Unified Data Repository Service for Policy Data, Application
Data and Structured Data for Exposure；Stage 3：3GPP TS 29.519[S/OL].

[60] 5G System；Common Data Types for Service Based Interfaces；Stage 3：3GPP TS 29.571
[S/OL].

[61] 5G System；Cause Codes Mapping Between 5GC Interfaces；Stage 3：3GPP TS 29.524
[S/OL].

[62] 5G System；Interface Between the Control Plane and the User Plane Nodes；Stage 3：3GPP
TS 29.244[S/OL].

[63] ECC.边缘计算产业联盟白皮书[R]. http://www.ecconsortium.org/Uploads/file/20161208/
1481181867831374.

[64] ETSI.White Paper No 11 Mobile Edge Computing a Key Technology Towards 5G[S].
2015.

[65] NGMN 5G White Paper[R]. 2015.

[66] NGMN Perspectives on Vertical Industries and Implications for 5G[R].2016.

[67] NGMN Recommendations for NGMN KPIs and Requirements for 5G[R]. 2016.

[68] NGMN Alliance.Description of Network Slicing Concept[EB/OL]. [2018-02-20]. http:
//www.ngmn.org/fileadmin/user_upload/160113_Network_Slicing_v1_0.

[69] IMT-2020(5G)推进组. 5G 网络技术架构白皮书[R]. 2015.

[70] IMT-2020(5G)推进组. 5G 核心网云化部署需求与关键技术白皮书[R].2018.

[71] IMT-2020(5G)推进组. 5G 愿景与需求白皮书[R]. 2014.

[72] 中国信息通信研究院信息化与工业化融合研究所. 5G 云化虚拟现实白皮书[R].2019.

[73] 中国信息通信研究院.物联网白皮书[R]. 2018.

[74] 中国移动. 中国移动技术愿景 2020 白皮书[R]. 2016.

[75] Huawei White Paper: CCF: Redesign a Simple and Flexible Control Plane for Mobile
Network[R]. 2015.

[76] GSMA.3GPP Low Power Wide Area Technologies[R]. 2017.

[77] 5GPPP. White Paper: 5G and Energy[R]. 2015.

[78] Industrial 5G. Siemens 5G Communication Networks:Vertical Industry Requirements [R].
2016.

[79] 5G-ACIA White Paper：5G for Automation in Industry[R]. 2019.

[80] 5G-ACIA White Paper：Integration of Industrial Ethernet Networks with 5G Networks[R]. 2019.

[81] 5G PPP Automotive Working Group_Business Feasibility Study for 5G V2X Deployment [R]. 2019.

[82] 5G PPP Automotive Working Group. View on 5G Architecture[R]. 2019.

[83] 中国电信. 6G 愿景与技术白皮书[R]. 2022.

[84] 中国移动. 6G 全息通信业务发展趋势白皮书[R]. 2022.